最详尽的日式点心教科书

（日）梶山浩司　著　　何凝一　译

煤炭工业出版社
·北　京·

前言

据说和果子的历史至今已有五百多年。虽说每个国家都有各式各样的点心，但我始终认为我们孕育的和果子是这个世界上独有的，独自绽放着一抹异彩。和果子和西式点心的最大差别在于对季节的感知，这大概是因为日本的四季风情吧。赏樱花之际食樱饼，感怀“春天不远了”。盛夏前馈赠亲友水羊羹，借物聊表“望你内心能感到凉爽”。种种皆是传达着与季节相关的讯息。

如今，人们都评价日本人拥有“款待之心”。在我看来，和果子中也蕴含此意。相聚时，通常都用茶和点心款待对方。用心泡制的清茶，用心制作的和果子，处处都饱含着仁爱之心、愉悦之情，充满幸福和喜乐，不是吗？况且，用自己亲手制作的和果子招待客人，肯定能让席间的话语更为投机有趣。

这本在家制作和果子的教程介绍了春夏秋冬的应季和果子以及大家耳熟能详的常备和果子，尽可能把最简单的方法教给大家。另外，很难说制作和果子是否有窍门和秘诀，只能通过多次挑战，不断地摸索其中的技巧和关键。

用自己制作的和果子招待客人，我觉得这就是最诚挚的款待之心。借此机会，大家都来挑战一下如果制作和果子吧。

梶山浩司（东京制果学校）

目录

※ 点心名称后的（ ）内为使用的主要材料及类别。

夏季和果子

秋季和果子

冬季和果子

常备和果子

制作和果子的工具

制作基本的和果子并不需要特殊的工具，制作上等生果子时才会用到和果子特有的工具。但在开始制作之前，我们还是先向大家介绍一些基本的工具。

制作面馅、面团的工具

煮豆、搅拌面馅的锅用家里的普通锅即可。制作豆沙馅时，请事先准备好过滤器和特大号的碗。

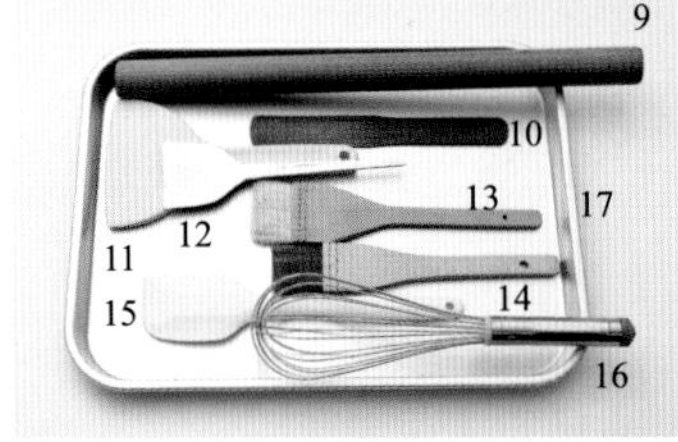

1 纱布
制作豆沙馅时用于包住红豆，也在蒸面团、搅拌过滤时使用。可以剪成 120cm 左右的长度，方便对折重叠使用。

2 木刮刀
搅拌面馅和面团时的必要工具。根据锅的大小和材料的用量多准备几把大小各异的木刮刀，使用时更方便。

3 过滤器
制作豆沙馅和面团时所用的细孔过滤器。从上方注入水的同时，需要用手操作进行过滤，因此建议将碗放到平稳的地方。此外还有 P7 的其他过滤器。

4 特大号碗
处理面馅时，如果碗太小，水容易溢出来，准备一个直径 40cm 以上的大碗非常必要。制作过程中会用到大量的水，特大号碗还能帮助冷却降温。

5 单柄锅
混合面馅和面团时，用一只手握住锅柄，另一只手用刮刀搅拌，因此类似日本雪平锅的单柄锅就十分方便。直径 24cm 左右，底面边角成圆弧状，刮刀能触及每个角落，使用起来得心应手。

6 厚深口锅
煮红豆时，推荐选用深一些的锅，避免水溅出来。材质较厚的锅受热比较均匀。

7 铜锅
以前为了让面馅充分加热，通常都使用热传导效应较好铜锅。图片为专业人士所用的铜碗，称为无柄锅。也可以买一般家庭用的铜锅，价格比铝锅略高。

8 各类碗
搅拌面团、制作少量面馅时都会用到各种大小的碗。制作糖衣时建议使用小号碗。

9 擀面杖
制作烧果子需要将面团擀平拉长，这时就会用到擀面杖。建议尺寸不小于 40cm。

10 竹片
处理上等生果子的精细雕琢部分时使用。需要将面馅或奶油塞到面团里时，也可当作面馅刮刀使用。

11、15 塑料刮刀
处理黏性较大的面团时，建议使用塑料刮刀。宽一些的刮刀可以在处理大分量的面团时使用。

12 金属刮刀
置于铁板或烤盘上的平锅类点心需要翻面时就会用到金属刮刀。

13、14 毛刷
用于拂去面团表面的粉类。使用完后请及时清洗干净。

16 打泡器
制作烧果子，处理平锅类面团时使用。

17 方盘
糕团制作成形后可以放到方盘中，或是需要拉伸面团，撒开面粉时都会用到方盘。因此 30cm × 40cm 以上的大方盘比较实用。

加工工具

滤网和喷雾器等都是专门的工具，东京地区可以在合羽桥一带的配材街买到，或者可以通过网店购买。

1、2 模具和模框
将侧面手柄处往上拉起时底面就会与主体分离的不锈钢模具，是制作外郎和羊羹等易变形的点心时必不可少的工具。制作羊羹时所用的另一种工具的底面无法抽出，称为“羊羹舟”。而无底面仅有外框的工具则称为“模框”，使用时需在底面铺上烘焙纸或纱布。

3 滤茶网
能让粉末散得均匀漂亮，非常实用的工具。

4 蒸锅
蒸馒头、羊羹、糯米面团时使用。不锈钢材质，分为上下两层。下层盛水加热，沸腾后再放上第一层，从一开始就能让蒸气与面团充分接触。途中还可以揭开加热水，非常方便。

5 滤网
过滤练切面团时使用，用马毛制作的滤网比较细密。食材不易粘到滤网上，可以去除食材的粗纤维。使用时，与网格呈45°斜角筛滤。制作金团碎屑的筛子则是采用藤材质或竹材质的滤网，使用前先浸水。

6 喷雾器
蒸馒头前需要喷水。建议选用喷雾细密的点心专用或面包专用喷雾器。

7 金属网格板
和果子用蒸锅蒸好后可取出放到网格板上，或是从烤箱里取出烤好的和果子均可以放到网格板上散热。推荐选用尺寸较大的网格板。如有笸箩代替也可。

关于材料

和果子的馅主要以红豆为原料，粉类以米粉为主，也有部分以根茎和海藻为原料的粉类。下面就向大家介绍一下本书中所使用的主要材料。

面馅

和果子的根本，区分和果子全看面馅

和果子的根本就是面馅。颗粒感的粒馅、舌尖留有绵柔触感的豆沙馅、清淡无杂质的白馅都是典型的代表。可是，原材料的产地不同，口感也相距甚远。北海道、丹波（京都）、备中（冈山）是红豆的产地，以大颗粒且煮后不易破皮的大纳言红豆为主，除此以外均是普通品种。

颗粒感的粒馅更能让人细细品味豆子的香甜，而红豆中质量最佳的要数丹波大纳言红豆。其产量仅占国内红豆产量的 1%，与普通的红豆相比色泽更明亮，更甜，风味醇香，皮薄且入口即化。

而绵柔的豆沙馅选用的则是颗粒小、香甜宜人的北海道红豆。北海道产的红豆无论从价格还是品质上来说都比较稳定，豆粒大小匀称，广受好评。

白馅的材料主要是白扁豆和白花豆等芸豆类。本书中提到的白馅基本都是用品质优良的白扁豆制作而成。顺便一提，白小豆可是制作白馅的最佳材料。

粒馅

豆沙馅

白馅

葛粉、蕨粉、寒天

透出清凉食感的葛粉、蕨粉、寒天均为优质良品

葛粉和蕨粉是从根茎中提取出的淀粉，而寒天则是以海藻为原料，它们都是和果子中常用的素材。溜滑入口，富有弹性的口感非常独特，回味无穷。

葛粉水溶加热后呈透明状，看起来就清凉爽口的样子，多用于制作夏季点心。葛根捣碎用水洗净，经过反复沉淀后再滤干水，干燥后即是淀粉质。但土豆与薯类混合的淀粉价格更便宜，所以我们将葛根制成的淀粉称为纯葛粉，加以区分。奈良县吉野产的纯葛粉相当有名，透明度高，口感顺滑。

蕨粉也是将蕨根捣碎清洗干净，经过反复沉淀后而制成的精制淀粉，与葛粉相比更具弹性。用蕨根制成的纯蕨粉非常稀少，通常都是与葛粉或木薯淀粉混合的普通蕨粉。

寒天是以一种名为石花菜的海藻为原料，从形状上可分为寒天丝、寒天粉、寒天棒三种。

纯葛粉

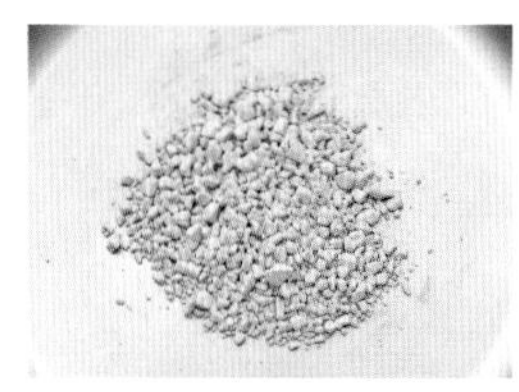

纯蕨粉

寒天丝、寒天棒

粉类

以粳米和糯米两种米为原料

日本的主食是大米，所以和果子的面团多是以米为原料。大致上来说，粉类的原料分为糯米和平日用做主食的粳米两种。红豆大福和莺饼等用糯米制作的和果子黏性强，而用粳米制作的薯蓣馒头和团子、柏饼等因面团本身不具有太大的黏性，不黏牙。

粳米中根据粉末的细腻程度又可分为上新粉和水磨粳米粉。细腻的上新粉适口性较好，用于制作高级的和果子。而水磨粳米粉经过蒸制揉捏后，具有一定的弹性和黏性，因此常用于制作草坪和团子。不论哪种粳米粉都没有经过热加工处理，容易生虫，需尽快食用。

以糯米为原料的粉类包括制作大福所用的干磨糯米粉、制作莺饼所用的水磨糯米粉、制作椿饼和樱饼所用的道明寺粉以及制作落雁所用的味甚粉（饼粉，是蒸制研碎的糯米粉。根据加工的不同，还有上烧、淡雪、寒梅粉等不同）等。

以糯米为原料

水磨糯米粉

糯米洗净，水磨，经过多次沉淀后再进行脱水，干燥而成。

道明寺粉

糯米洗净，浸泡到水中，再蒸熟干燥后碾磨成粉。根据粉粒的细腻程度区分，樱饼和上等生果子选用相对细腻的粉粒制作。

干磨糯米粉

糯米洗净，脱水后磨细，也称为求肥粉。细腻而具有黏性。与干磨糯米粉相比，更细腻的则称为羽二重粉。

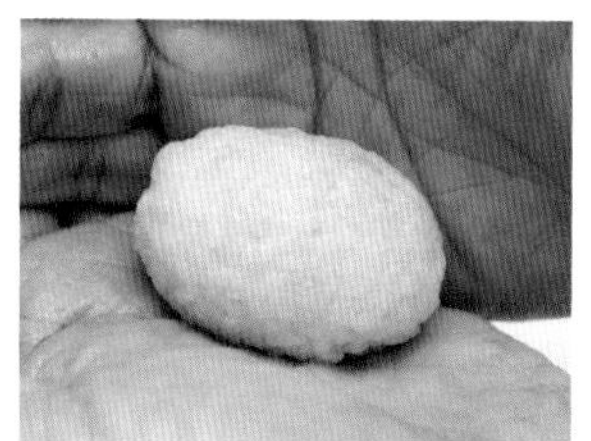

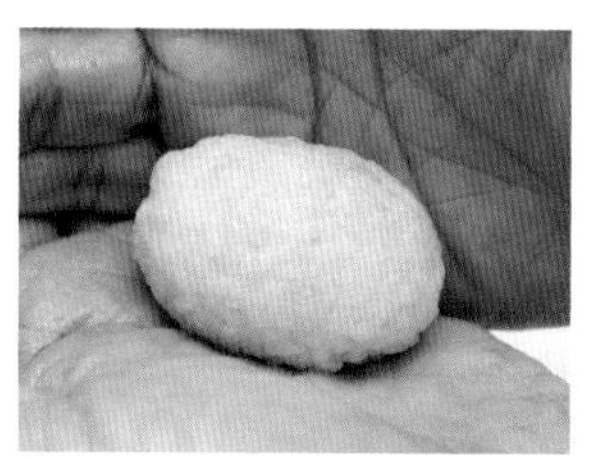

糯米

制作牡丹饼等和果子时，直接将煮熟的糯米揉成所需的形状即可。

以粳米为原料

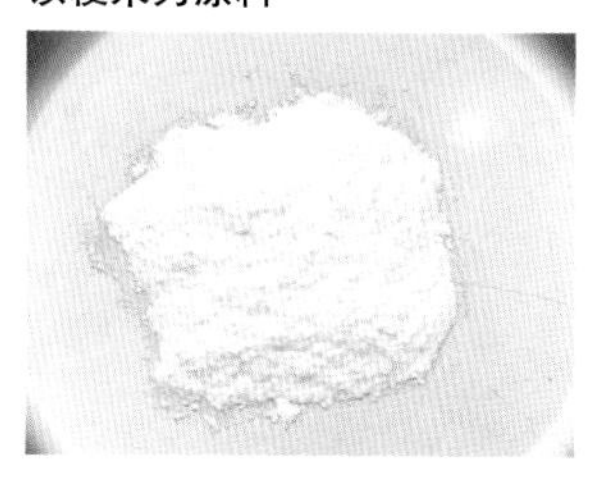

上新粉

粳米洗净脱水后，再加入少量的水碾磨成粉。粉粒较粗的称为新粉、普通新粉，较细的称为上新粉，更细腻的则称为上用粉。

上用粉

粳米洗净脱水碾磨成粉。除了外郎，薯蓣馒头之类的和果子也常用到上用粉，也称薯蓣粉。其特点是粉粒细腻，制作出的和果子顺滑绵密。

基本面馅的制作方法

馅是和果子的灵魂，原本是需要根据点心去选择相应的材料。如果是家庭制作，选用粒馅和豆沙馅即可。可以在点心馅专卖店和和果子店购买。

制作粒馅

色泽红润，容易煮透，据说红豆是因此而得名。而且不用提前浸泡，短时间内就可以煮熟。红豆的豆粒不易变形，能保持完整的形状。

材料

红豆…………………………………………………………………… 500g

绵白糖或精制白砂糖……………………………………………… 550g

水……………………………………………………………………500ml

糖稀…………………………………………50g（随季节酌情加减）

成品重量

· 1200~1500g

准备

红豆除去虫食和变色部分，用水清洗。

制作方法

煮豆工序

1 用水洗净红豆，加水没过豆粒即可。然后用大火加热。

2 煮沸后再加水，使汤汁的温度下降到 40~50℃。

☞ 通过调整水的温差，除去红豆表面的褶皱，使豆粒在短时间内达到饱满状态（※ 热水的水分不易被吸收）。

3 之前加入冷水降低汤汁温度，接下来则需滤出多余的水分。

4 观察红豆的状态，按照步骤 2 的工序重复 2~3 次。

☞ 用大火短时加热，让豆粒充分浸透在水中。

5 滤出热水，必要时再进行清洗（= 去涩）。

☞ 此工序制作出的豆沙馅味道清淡，可依据点心的口味处理。

6 再往锅中注入水，与步骤 4 分量相当，加热。之后酌情加水，基本没过豆粒即可。

☞ 若火太大，会导致豆粒在锅中翻腾跳跃，相互撞击破坏形状，碎成渣。若火太小，馅容易黏着，影响味道和口感。

7 用手指轻按红豆，如能压扁，则慢慢关火。

8 煮好后再蒸 10 分钟，无需水洗。

9 将步骤 7 的红豆、500g 的砂糖倒入锅中，注入水后加热。

10 微微沸腾时关火，晾半天或一晚，释放糖分。

11 再次加热，添加 50g 砂糖，搅拌均匀。

12 砂糖溶解后加入糖稀，均匀搅拌，充分着色。

13 搅匀后，分成小份放到方盘中，冷却。

制作豆沙馅

用白芸豆制作，挑选豆子去皮，与粒馅相对应，称为豆沙馅。

除了内陷以外，经过染色的山药泥和碎屑、练切等都是上等和果子常用的材料。而制作工序及用量都与用红豆制作豆沙馅基本相同。

材料

白芸豆（白扁豆）………………………………………… 500g

砂糖…………………………………………………………… 400g

水…………………………………………………………… 适量

※ 白扁豆即白芸豆的一种。

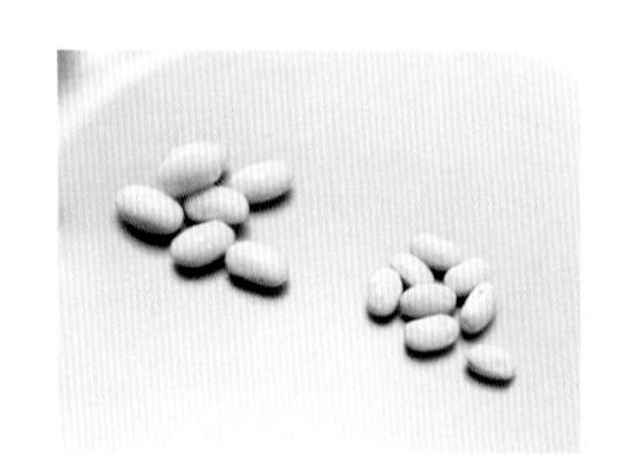

右图为浸泡前、左图为浸泡后的白芸豆，豆粒成倍膨胀增大。

成品重量

· 约 900g

准备

红豆除去虫食和变色部分，用水清洗。

制作方法

1 用清水洗净白芸豆，夏季可直接浸泡在水中，冬季需浸泡在 45℃的热水中，放置 8~10 个小时。

2 浸泡过的豆子放入滤盆中，再用清水仔细冲洗干净。

3 豆子放入锅中，注入水，没过豆子即可，煮沸。

4 煮沸后关火，再倒入滤盆中，用水冲洗。

☞ 此工序称为“去涩”，主要为了去除豆类的涩味，可根据点心的口味酌情操作。

5 再把水和豆子倒入锅中，盖上锅盖，煮至豆粒在锅内轻轻翻滚时，调成小火，继续煮 1~1.5 个小时。中途需要加水。

6 煮好后，倒入带有碗的过滤器中，注入水。然后用橡胶刮刀等把豆粒和豆皮分开。

☞ 浸湿的豆皮不易分辨，需用手确认。

7 从网眼稀疏的过滤器换到网眼细密的过滤器，一共过滤 3 次。

8 取出过滤器，碗中加满水，所有馅粒浸泡在水中，并进行清洗。

9 搁置一段时间，等待豆粒沉到碗底，之后轻轻地将澄清层的水倒出。如此重复 3~4 次，至碗内的水完全清透。如图所示即可。

10 在滤盆中铺好纱布，然后慢慢将步骤 9 倒入其中。

11 用手捏紧纱布，碗反扣在滤盆上，用全身力量挤干水分。

12 纱布中即是细腻的白豆沙原馅（未放糖的馅）。

☞ 此状态容易滋生细菌，需尽快处理完成。

13 在锅中加入水和砂糖，开火。用木刮刀搅拌，溶解砂糖。

14 沸腾后调成小火，加入步骤 12 的白豆沙原馅，熬 15 分钟以上。

☞ 用大量水熬制而成的豆沙馅更美味。

15 用木刮刀搅拌，黏稠度如绵一般，水分蒸发干即可。

1
4
6
7
7
8
9
10
11
12
13
14
15

制作求肥、雪平

在水磨糯米粉或干磨糯米粉中加入大量砂糖熬制而成的求肥可用于制作各类和果子，且可冷冻，非常方便。

下面，我们向大家介绍常用的蒸熬法和上等生果子中求肥及雪平的制作方法。

· 求肥

材料

水磨糯米粉（或干磨糯米粉）……50g

水…… 80ml

绵白糖…… 100g

· 雪平

材料

求肥…… 240g

蛋清……15g

白豆沙馅……80g

制作方法

[求肥，蒸熬法]

1 慢慢在水磨糯米粉中加入水，充分搅匀，避免出现面疙瘩。

2 筛网放入蒸锅中，铺上湿纱布，倒入糯米浆，蒸 15~20 分钟。

3 蒸好的面团移到锅内，调至小火后用木刮刀均匀地搅拌。

☞ 充分地“煎熬”，让面团透出光泽和黏性。砂糖加热后会溶解成蜜状，混合前要充分搅匀，否则便会粘牙。不易保存且容易变味。

4 多次添加砂糖，混合搅匀。

☞ 如若一次添加所有砂糖，糯米浆容易结块。

5 所有砂糖添加完毕后，根据点心的需求可继续加入，调节黏稠度。

☞ 熬制的温度不能低于 75℃。加热不足的面团容易粘牙。

制作诀窍	另有其他用途时，可将求肥冷冻保存。只需在表面撒上太白粉，保持湿度，再用保鲜膜包上，冷冻即可。

[雪平]

1 将求肥和蛋清倒入锅中，小火加热。

2 用木刮刀迅速搅拌，使锅底的浆液与空气充分接触。

3 加入白豆沙馅，混合搅匀。加入调节黏稠度，然后取出放到撒好太白粉（用量外）的平底盘中，散热。

求肥

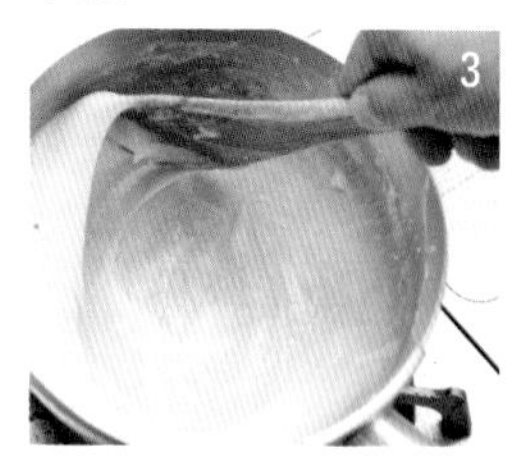

3

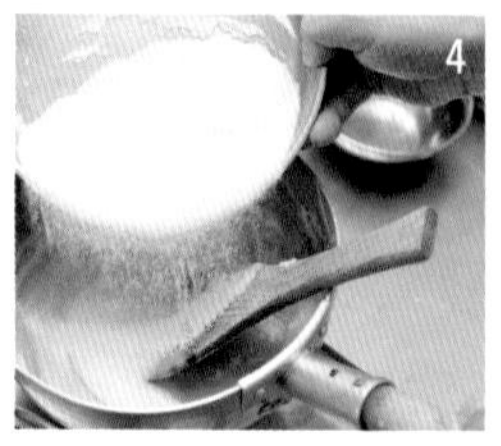

4

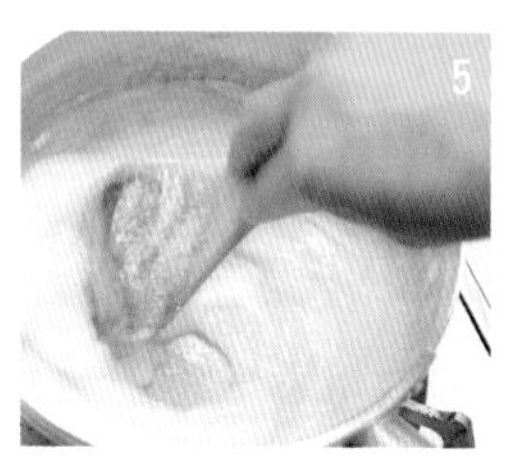

5

雪平

1

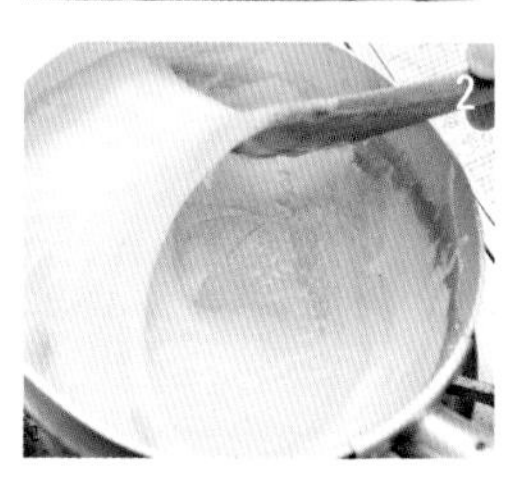

2

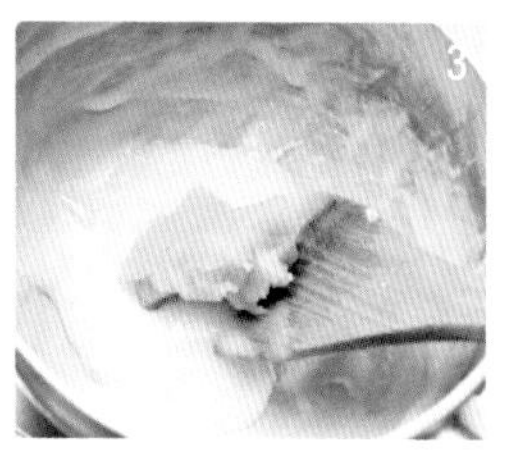

3

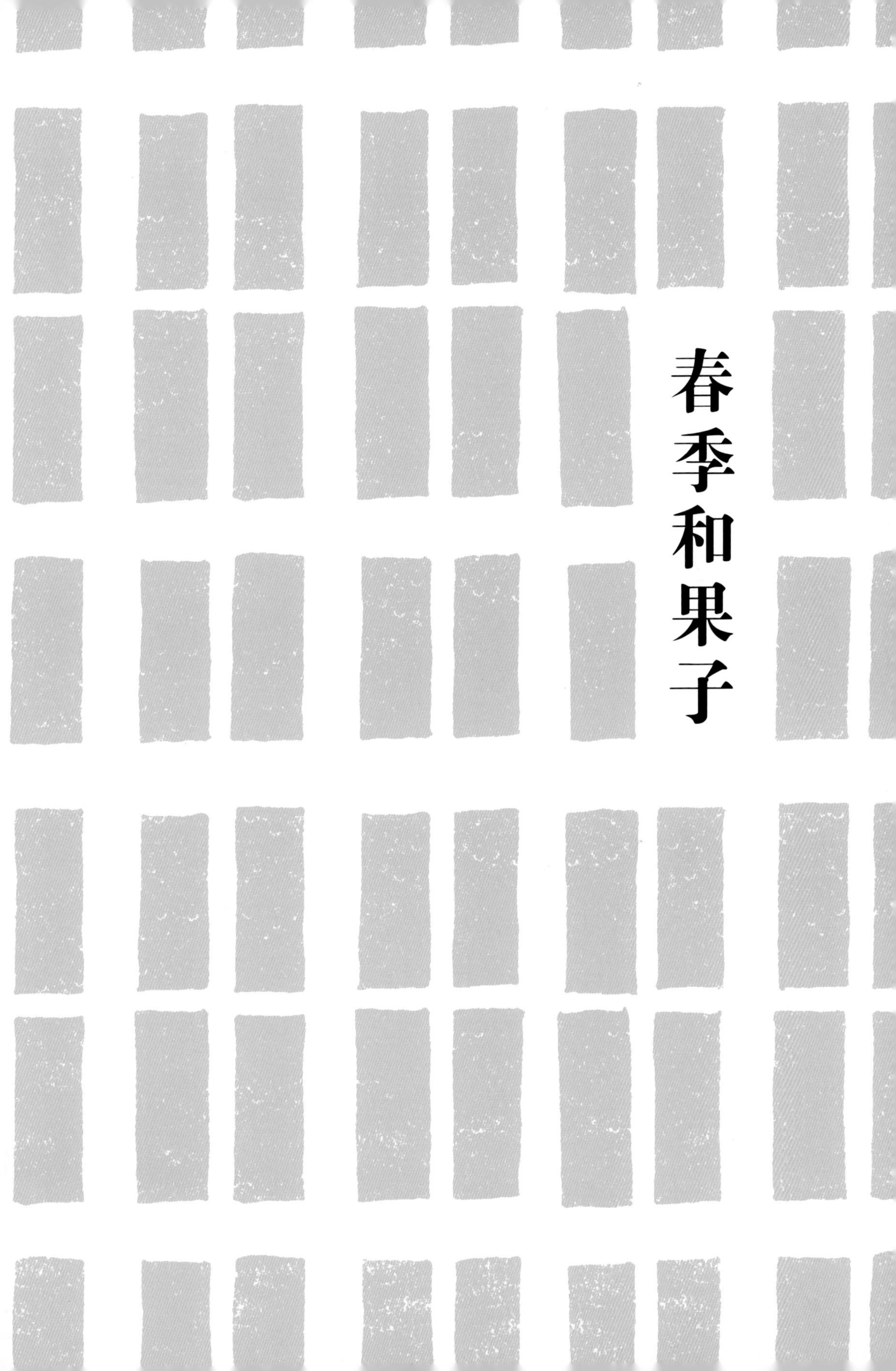

春季和果子

❋油菜花［金团］

和果子中的“金团”是指用专门的金团筛将多种着色馅料中的水分滤除，然后用筷子在馅团周围拼贴，用颜色表现出不同季节的特征。华丽而疏松的外形，馅粒刚好是一口的大小，非常独特的和果子。

材料（约12个的用量）

寒天粉……………………3g
水……………………120ml
砂糖……………………50g
白色豆沙馅……………350g
糖稀……………………25g
食用色素（黄色、绿色）
……………………各适量
内馅……………………145g

成品重量

・42g
黄绿色金团馅……………20g
黄色金团馅………………10g
内馅（粒馅）……………12g

准备工序

・粒馅12等分后制作馅团。

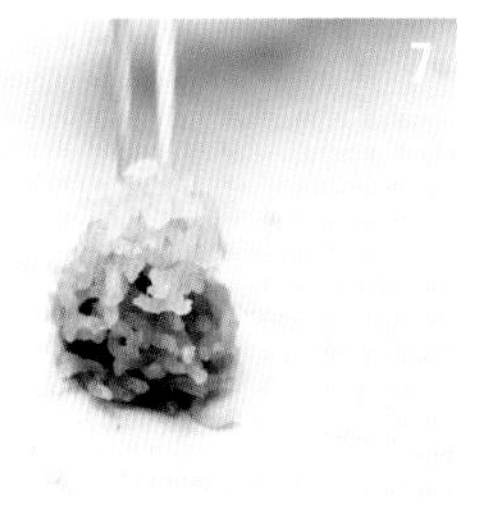

制作方法

1. 慢慢将寒天粉和水倒入锅中，小火加热。
2. 沸腾后加入砂糖。
3. 白色豆沙馅分成小块加入锅中，用木刮刀搅拌。
4. 混匀后分成两份，用黄色和黄绿色的食用色素进行着色，然后加入糖稀。
5. 注入模具中，冷固。
6. 冷却后，切成适当的大小，用金团筛将各色馅团筛成碎屑状。
7. 用筷子将绿色的碎屑堆放在馅团周围，然后再将黄色的碎屑放到上方。

着色技巧　慢慢加入食用色素，混合后观察颜色的变化，再继续添加。

小知识　用浅米褐色与浅粉色混合即是象征春天的樱花，加入紫色即是象征夏天的紫阳花。可根据不同的季节选用相应的颜色。

金团筛分为竹、金属、藤的材质。家庭制作可以用普通筛子代替。

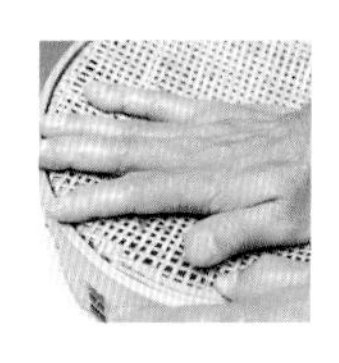

⁘ 樱馒头 [薯蓣馒头]

薯蓣馒头采用浸染成粉色的蔗糖制作，表现出樱花飞舞零落的样子。薯蓣是山芋的总称，蒸过后松软绵密，口感细腻。

材料（16个的用量）

日本大和芋	50g
绵白糖	100g
上用粉	60g
单晶蔗糖	30g
食用色素（红色）	适量
内馅	480g

成品重量

- 45g（面团15g、内馅30g）
- 内馅：红豆沙馅

准备工序

- 红豆沙馅16等分后制作馅团。

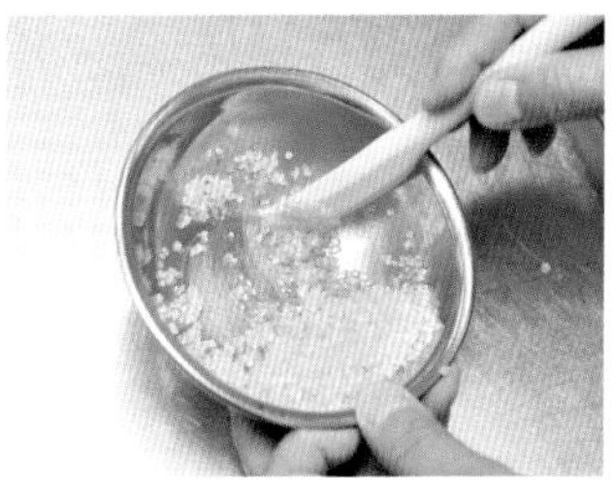

制作方法

1 用削刀慢慢去除芋头皮，洗净后再用细密的碾磨器磨碎。

2 将步骤1的碎屑倒入碗中，用擀面杖压按3~4次，加入白糖，混匀。

3 另取一个小碗，加入食用色素、少许冰（分量外）、单晶蔗糖，用橡皮刮刀搅拌均匀，单晶蔗糖浸染充分后放到方盘中。

4 染好色的单晶蔗糖加入上用粉中，用手和匀。

5 步骤2的芋头碎屑倒入步骤4的上用粉中。用手来回折叠式慢慢揉匀。

6 将整块面团用手分成小块，每块15g。

7 面团揉圆拉大，包住馅团，成袋状。

8 放入蒸锅中，用喷雾器喷水保湿，之后开火蒸10分钟左右。

☞ 若表面出现细微的裂痕，可喷洒淡醋水。

9 取出放到网格板上，冷却。最后压出印花印记即可。

小知识 薯蓣馒头是简单基本的和果子，从它的口味即能评判一家店面的水平。

⁘ 紫藤花［练切］

求肥包裹白馅雕琢而成的练切，用淡紫色着色，制作成紫藤花的形状。练切的特点在于面团柔软劲道，可塑性强，且易于进行精细雕琢。通过考究的着色与细节的搭配，可以呈现出多种食味意境。

材料（10个的用量）

［练切面馅］

白色豆沙馅……………… 300g
水……………………………适量
水磨糯米粉（高筋粉）…… 10g
水……………………………20ml
糖稀………………………… 20g
食用色素（粉色、黄色、蓝色）
……………………………各适量

［内馅］

红豆沙馅………………… 250g
糖稀………………………… 30g

成品重量

・42g（白色面团10g、紫色面团15g、内馅17g）

准备工序

① 红豆沙馅放入锅内，加热。
② 水分蒸干后加入糖稀，反复搅拌，软硬程度与练切面馅相同。
③ 以17g为单位，均分成馅团。

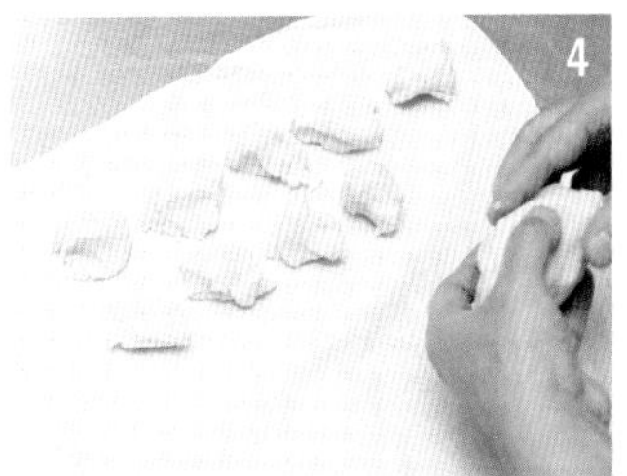

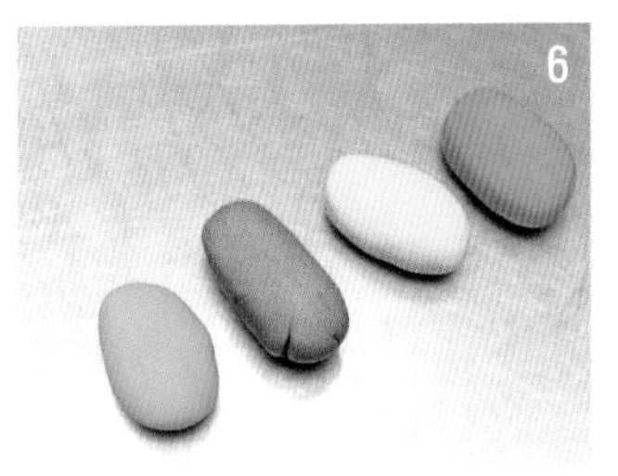

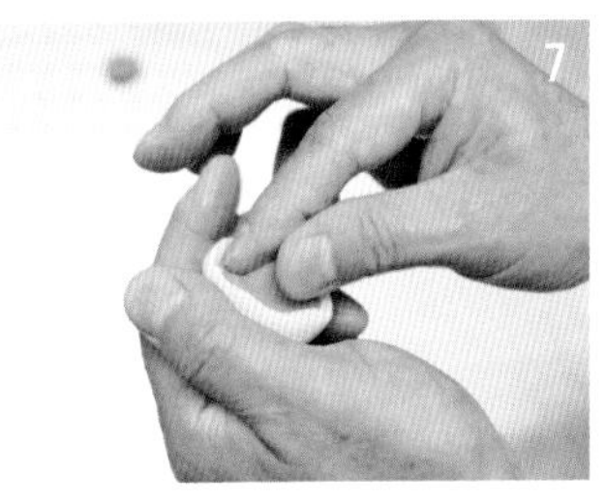

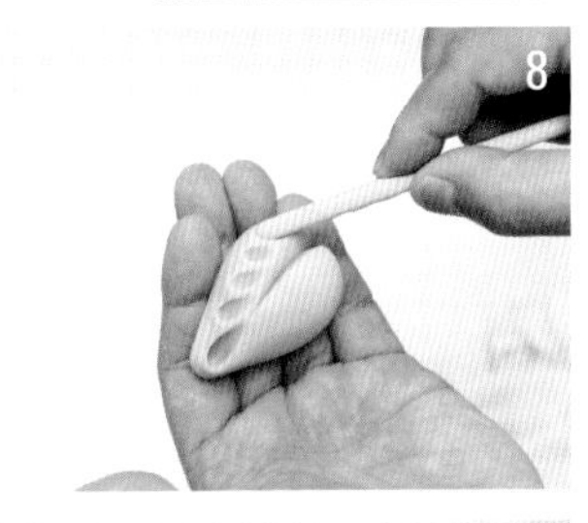

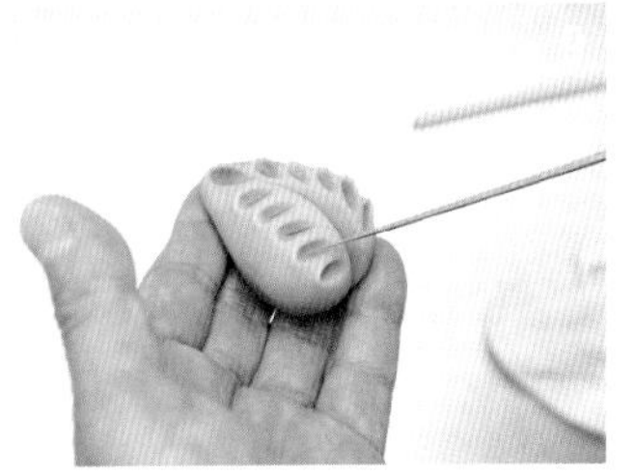

制作方法

［练切面馅］

1 锅需清洗干净，加入水，开火加热至沸腾。

2 放入白色豆沙馅，用高火炙烤，但不能烤焦。

☞“炙烤”是指将馅加热搅拌的工序。制作而成的馅称为炙烤馅。

3 与此同时，将用水溶解好的水磨糯米粉加入锅中，继续搅拌。

4 待面馅水分蒸干后加入糖稀，完全溶解后取出放到纱布或方盘上。

5 分成小块冷却后，推揉2~3次。

☞分成小块可以尽快地降温冷却。

［紫藤花造型］

6 将练切面团5等分，留出白色面团。其余按照图示方法用淡蓝色、绿色、黄色、粉色进行着色。

7 用粉色和淡蓝色混合制作出紫色，接着用白色部分包住，揉成圆形后压平。

8 包住馅团，揉成水滴状，用三角刀在中心刻出花茎，再用圆形棒压出花瓣。

9 用茶针扎入花瓣中勾勒出轮廓，再用绿色的练切制作出细小的圆球，点缀藤蔓。

制作要点1 步骤5中的推揉是为了去除面团表面的生皮，把空气揉进去，从而做出的面团更白。

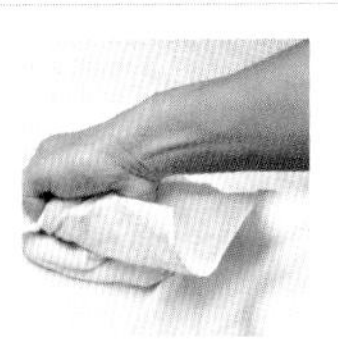

制作要点2 可以把练切馅分成小块冷冻，需要时解冻使用即可。制作时可以稍微多做一些。

精细雕琢练切时，需要用到三角刀和圆形棒。一般家庭制作时可以用竹签和筷子代替。

富贵草［练切］

“富贵草”是牡丹的别名，外观雍容华贵，在唐代享有“花中之王”的美誉。除此以外，还有“百花王”“花神”等多种爱称。牡丹是初夏的象征，4月中下旬渐渐绽放。

材料（10个的用量）

［练切面馅］

白色豆沙馅………………… 300g
水………………………………适量
水磨糯米粉（高筋粉）…… 10g
水………………………………20ml
糖稀…………………………… 20g
食用色素（粉红）…………适量

［内馅］

红豆沙馅…………………… 250g
糖稀…………………………… 30g

成品重量

・42g（白色面团10g、粉色圆面15g、内馅17g）

准备工序

① 红豆沙馅放入锅内，加热。
② 水分蒸干后加入糖稀，反复搅拌，软硬程度与练切面馅相同。
③ 以17g为单位，均分成馅团。

制作方法

［练切面馅］

1 把锅洗干净后加入砂糖和水，加热至沸腾。

2 加入白色豆沙馅，用高火炙烤，但不能烤焦。

☞ “炙烤”是指将馅加热搅拌的工序。制作而成的馅称为炙烤馅。

3 与此同时，将用水溶解好的糯米粉加入锅中，继续搅拌。

4 待面馅水分蒸干后加入糖稀，完全溶解后取出放到抹布或方盘上。

5 分成小块冷却后，推揉2~3次。

☞ 分成小块可以尽快地降温冷却。

※练切面团的详细制作方法可参照紫藤花的制作方法（P21）。

［富贵草造型］

6 取出150g练切面团，着浅粉色。再取出15g，着黄色。

7 用白色的面团包住粉色的面团，揉成圆形后压平。

8 包住馅团，用掌心挤压上下两端，稍稍压平。

9 取少许黄色面团，勾勒出花蕊的形状。然后将花蕊插入步骤8面团的中心，再用同样的工具造型，嵌到花蕊中。

10 用三角刮刀斜着压制出3片花瓣，再用圆棒在花蕊周围稍加修饰。

11 用茶针斜着划过花瓣，呈现自然的褶皱效果。

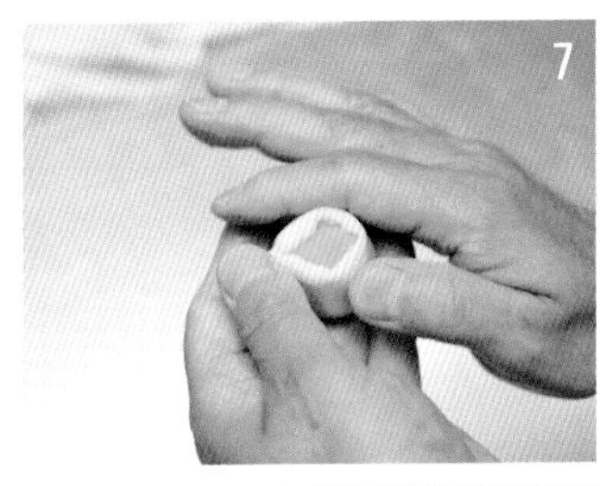

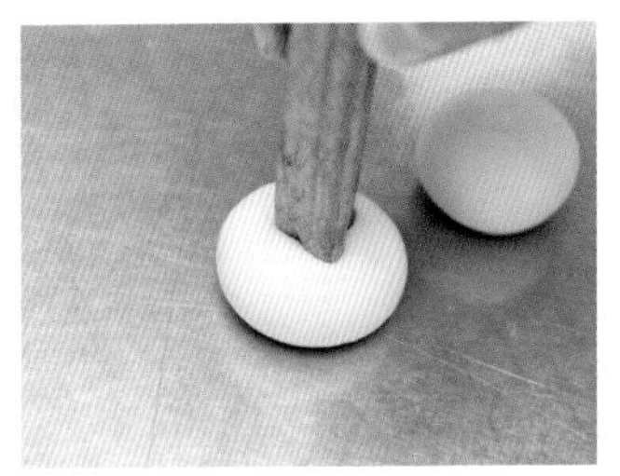

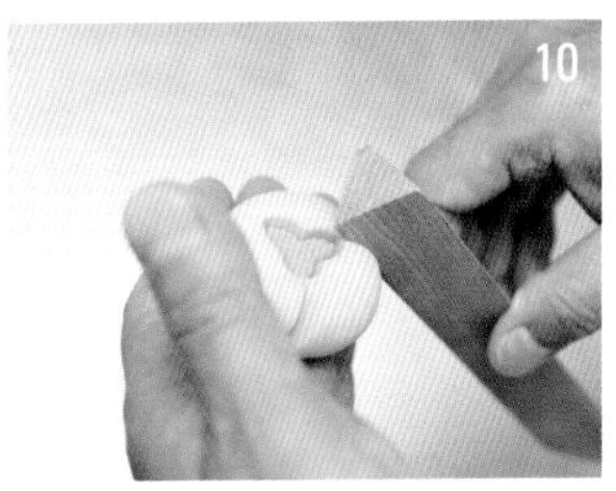

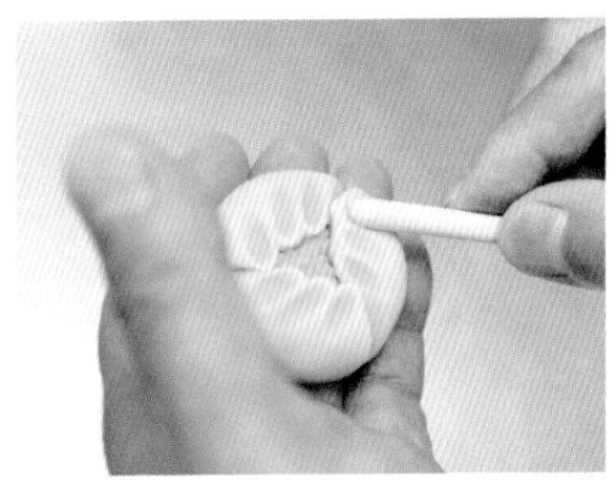

引千切［草裹衣］

以前宫中人手不足时，为了节省制作圆饼的工序，简而由“碎丝”来代替，因此而得名。原本是要在饼中央留出凹痕，再将馅放到其中，素雅别致。在关西地区，引千切是女儿节不可或缺的上等点心。

材料（15个的用量）

［草裹衣面团］

白色豆沙馅（硬）……… 400g
绵白糖……………………… 40g
低筋面粉…………………… 30g
薯蓣粉……………………… 10g
冷冻艾草…………………… 25g
食用色素（红）……………适量
内馅……………………… 300g

［薯蓣馅］

筛制日本大和芋………… 100g
砂糖………………………… 50g

成品重量

- 40g（面团25g、馅15g）
- 内馅：红豆沙馅

准备工序

- 红豆沙馅16等分后制作馅团。

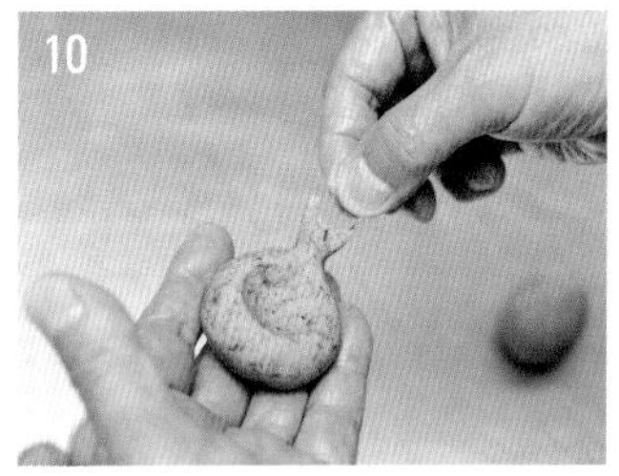

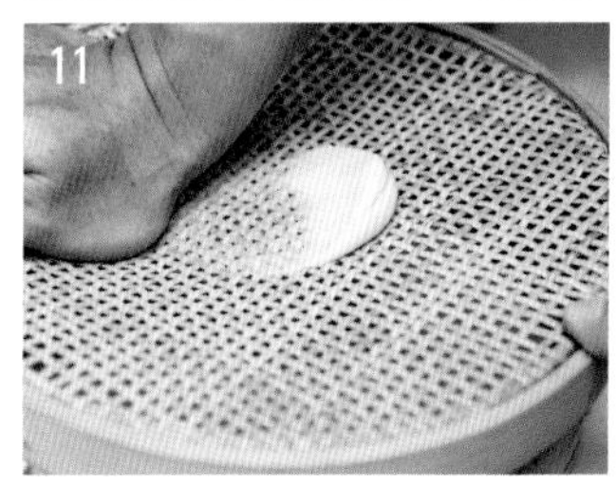

制作方法

［薯蓣馅］

1 日本大和芋剥皮，切成1cm的块状，再蒸25~30分钟。

2 趁热筛滤，加入一半的砂糖干混。

☞将面粉与砂糖直接混合的方法称为“干混”。

3 倒入锅中，用小火加热。同时将剩余的砂糖分数次添加到锅中，搅拌混匀。

4 再进行筛滤。然后其中一半加入食用色素（红色），着浅红色。分成红、白两部分。

［草裹衣面团］

5 白色豆沙馅、绵白糖、粉类加水混合均匀后，分成小块蒸30~40分钟。

6 充分揉匀后用保鲜膜包好，放入冰箱中。

7 再蒸10分钟，通过糖汁的蒸发调整软硬度。同时，加入冷冻的艾草一起混匀。

8 草裹衣面团分成小块，每个25g，包住馅团揉成圆形，完成一部分。

9 中央用卵形模具压制出凹痕。

10 凸起部分用手指调整。

11 用金团筛或筛子将步骤4的薯蓣馅筛制成白色和粉色的碎屑，放到步骤10的凹痕中做装饰。

制作要点	调整用的糖汁使用30g水和20g砂糖混合而成。

樱饼［道明寺］

关东地区的樱饼是用面馅包住小麦粉的面团，而关西地区的主流则是用道明寺粉包住面馅。盐渍樱叶散发微微的清香，与面团相得益彰，盐味恰如其分。

材料（15个的用量）

道明寺粉	150g
水	210g
绵白糖	90g
食用色素（红色）	少许
内馅	300g
盐渍樱叶	15片

成品重量

- 50g（面团30g、内馅20g）
- 内馅：红豆沙馅

准备工序

- 盐渍樱叶浸泡到水中，去除盐分。
- 红豆沙馅16等分后制作馅团。

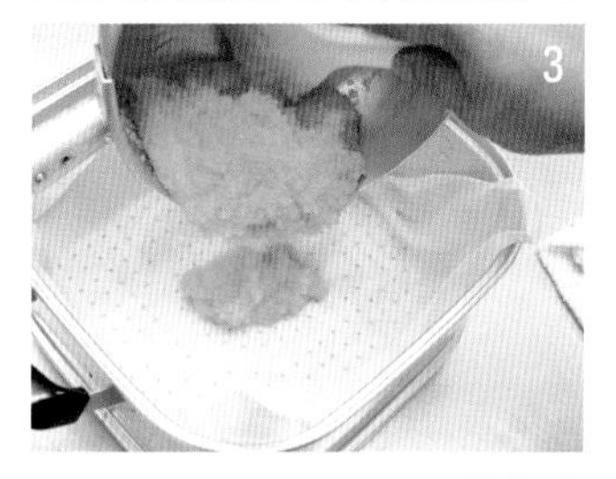

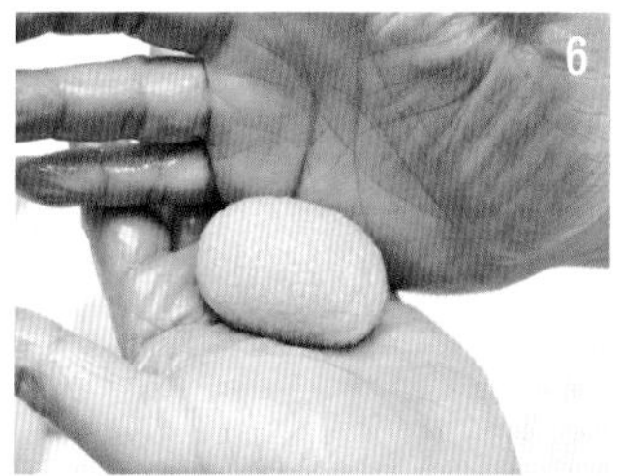

制作方法

1 将水和食用色素倒入锅中，再加入道明寺粉，调至中火加热。

☞ 道明寺粉即可以直接加入锅中，也可以迅速冲洗干净后再放入。

2 用木刮刀搅拌混匀，充分吸收水分，成糊状后加入绵白糖。

3 搅拌至水分蒸干后，将混合物倒入铺好纱布的蒸锅中，蒸15分钟。

4 蒸好后从纱布中取出，用手轻轻揉捏。

5 分成15等份（每个30g）。

6 面团揉成椭圆形，用馅团包住，呈袋状。

7 樱叶的叶脉凸出的内侧用做正面，包住步骤6。

制作要点 上述步骤制作出的道明寺粉口感更柔软。同样可以尝试省去步骤3，制作口感较硬的樱饼。

樱饼［小麦粉］

江户时的樱饼外面都包裹着一层烧皮。1717年，长命寺的守门人山本新六把河边摘来的樱叶放到酒杯中用盐水浸泡，之后用叶子包住饼，出售给过往香客，由此而得名樱饼。

材料（15个的用量）

［面团］

水磨糯米粉…………………… 15g
绵白糖………………………… 45g
低筋面粉…………………… 150g
上南粉………………………… 10g
水………………………… 200ml
食用色素（红色）………… 适量

［内馅］

红豆沙馅………………… 500g
糖稀…………………………… 50g
食盐…………………………… 少许
盐渍樱叶……………………15片

成品重量

- 55g（面团25g、面馅30g）
- 内馅：红豆沙馅

准备工序

- 盐渍樱叶浸泡到水中，去除盐分。
- 红豆沙馅16等分后制作馅团。

※ 面馅搅拌均匀，细腻绵密。

※ 上南粉是与寒梅粉经过同样工序后不经烧烤直接磨碎而成的粉。

制作方法

1. 取一半的水加入糯米粉中，充分混匀，避免出现面疙瘩。然后将1/3的混合液倒入锅中，调至中火加热，再用橡皮刮刀搅拌恢复成饼状。

   ☞为了避免糯米粉焦糊粘锅，在沸腾之前就要搅拌恢复成饼状。

2. 剩余的糯米粉混合液徐徐倒入锅中，加大糯米含量。

   ☞此工序在烘焙阶段后能帮助糕团更接近糯米的口感。

3. 移至碗中，剩余的水留出用做调整，其余混匀。之后加入绵白糖、各类面粉，用打泡器迅速搅拌。

4. 加入步骤2与剩余的水，调整混合物的软硬度。接着加入食用色素，着浅红色。

5. 将混合物浇到160℃的烤盘中，呈椭圆形（宽7cm×长12cm×厚1mm），两面烘烤，但不要烤焦。

   ☞表面烤干后迅速翻面。若仍有焦黄的趋势，则尽快调整火候。

6. 放到手上，馅团置于内侧，卷好。

7. 樱叶放到步骤6上，从内侧往上翻卷。

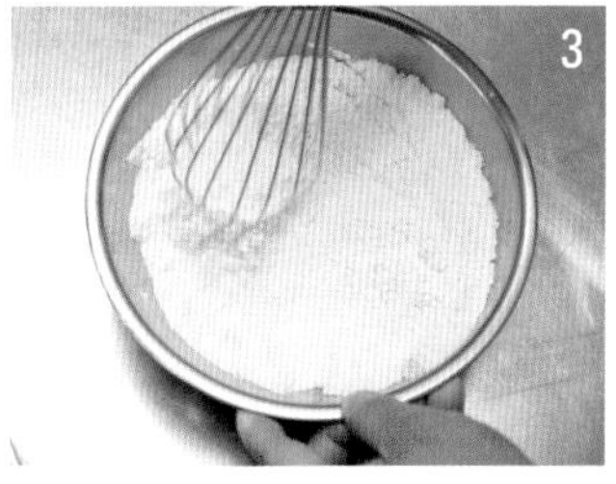

制作要点

步骤1、2的工序能让樱饼的口感更粘糯。当然也可以直接在糯米粉溶液中加入砂糖和其他糖类，混合搅匀使用。

小知识

传说，德川幕府第三代将军家光在从江户城去向岛赏花的路上突然腹痛，喝下向岛某寺的水后即痊愈。于是，家光将此寺更名为“长命寺”。

柏饼［上新粉］

用槲叶包裹的糕团是端午节的特色点心。当新芽长出时，枯老的槲叶才会脱落，寓意“后继有人”，是象征子孙繁荣的吉祥物。

材料（10个的用量）

上新粉……………………… 150g
热水或常温水……… 120~130ml
绵白糖……………………… 15g
太白粉……………………………5g
水……………………………适量
槲叶……………………………10片
内馅……………………… 200g

成品重量

- 50g（面团30g、内馅20g）
- 内馅：红豆沙馅

准备工序

- 红豆沙馅10等分后制作馅团。

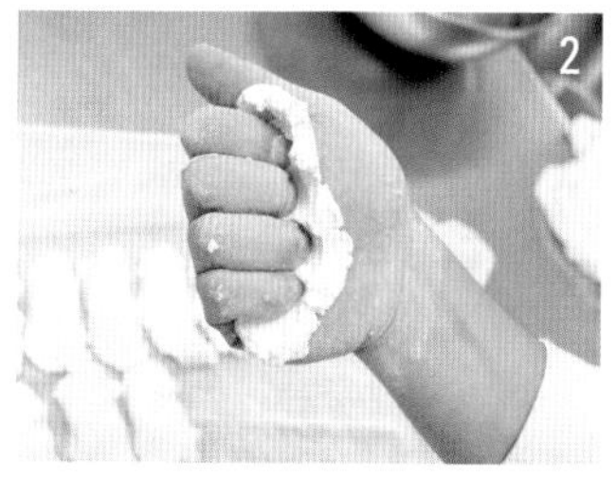

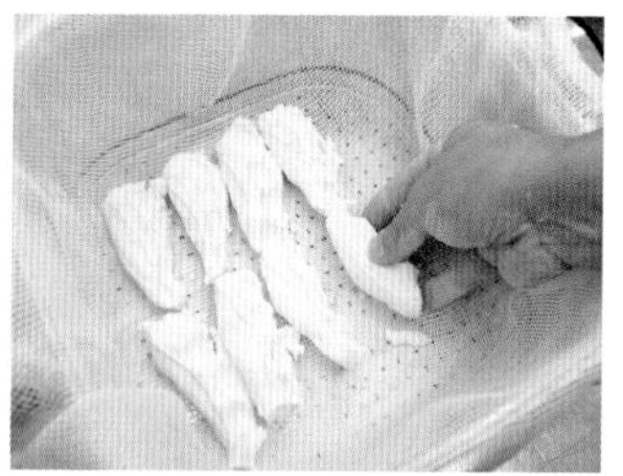

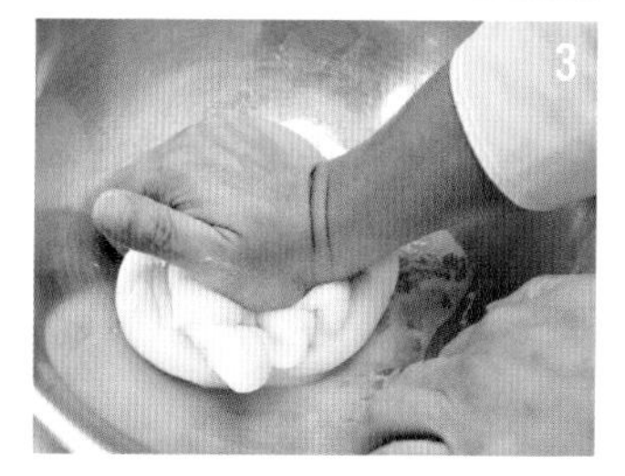

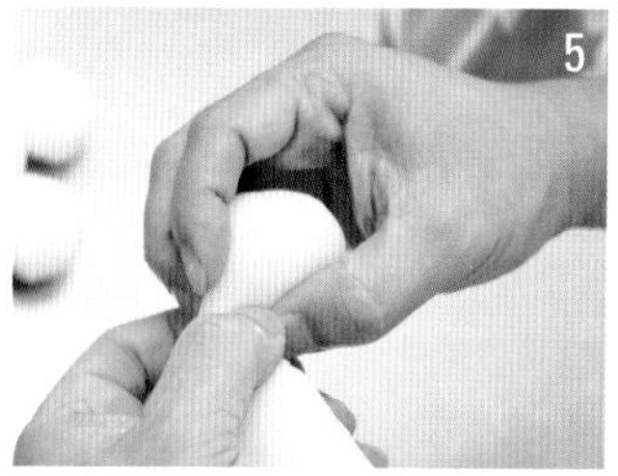

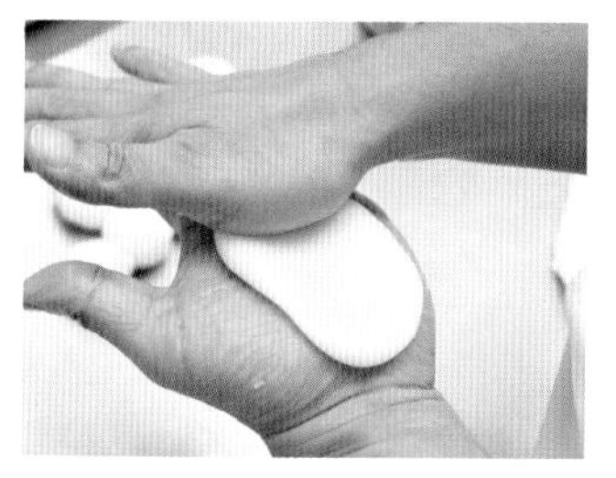

制作方法

1 慢慢地将热水（50~60℃）加入上新粉中，揉捏至不粘手的软硬度即可。

☞ 避免一开始面团就过于柔软，呈黏糊状，加热水时要分多次一点一点添加。

2 在蒸锅中铺上湿纱布，按照步骤1的图片所示，以单手可握下的大小为标准，分成多份，然后用高火蒸20~25分钟。

☞ 面块从中央裂开，中心部分稍稍变色即可。

3 放入碗中，待温度下降面块变得柔滑时，用手充分揉匀。

4 揉匀后，加入绵白糖、用水溶解的太白粉，调节面团的软硬度。

☞ 水溶太白粉可以使柏饼不粘牙，色泽更明亮。

5 将面团分成小块，每块30g，揉圆。然后在掌心中压成9cm×7cm的小椭圆形，放上馅后对折，再放入铺好湿纱布的蒸锅中，蒸5分钟左右。

☞ 加热后，促使其中的太白粉成糊状，同时确保面团100%蒸熟。经过二次蒸制而成的点心不易粘牙，色泽鲜亮。另外，中途要揭开2~3次锅盖，与空气充分接触。如若表面析出淀粉质的气泡，则会留下痘状斑痕。

6 表面冷却后盖上湿纱布，翻转放置，等翻面冷却后用槲叶包好。

制作要点1	加入热水揉和的“热水揉法”具有较强的吸水性，与用常温水揉和的“水揉法”相比更有韧性。另外，热水揉法的传热效果更好。

制作要点2	采用二次蒸制的方法，第一次蒸至八成熟，若蒸过头容易使面团缩成橡皮状。反之，蒸不足的话面团不劲道，粘牙。

草饼［上新粉］

嫩绿色与艾草的清香，春意盎然。据说过去也用春季七草中的鼠曲草制作。与干燥的艾草相比，冷冻或新鲜的艾草香味更重。按季采摘，煮过冷冻存用。

材料（15个的用量）

上新粉……………………… 250g
热水………………………… 200g
绵白糖………………………… 25g
冷冻艾草……………………… 40g
内馅………………………… 300g

成品重量

・55g（面团35g、内馅20g）
・内馅：粒馅

准备工序

・粒馅15等分后制作馅团。

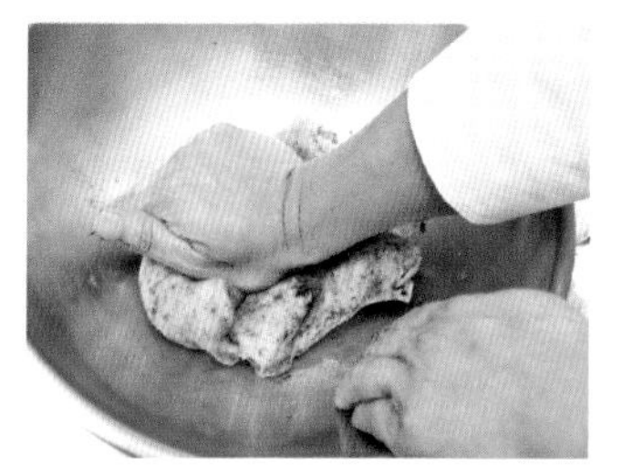

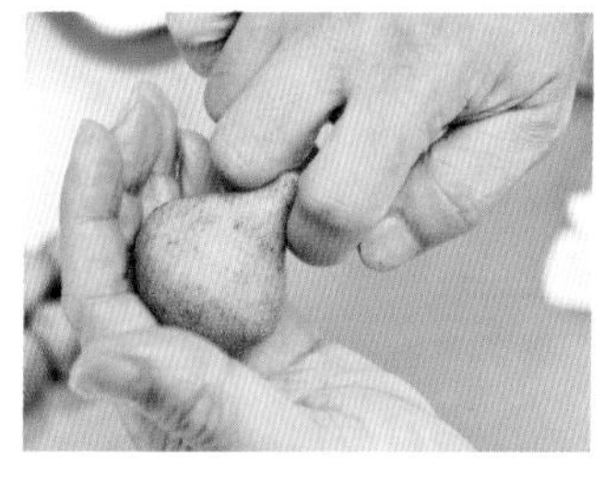

制作方法

1 上新粉倒入碗中，加入2/3的热水（120ml），用手揉捏。

☞ 加入热水揉和的“热水揉法”具有较强的吸水性，与用常温水揉和的“水揉法”相比更有韧性。热水揉法的传热效果更好。

2 剩余的热水一点点加入碗中，调节面团的软硬度。

☞ 以不粘手为标准。

3 蒸锅铺上湿纱布，面团分成一口的大小，放入锅中。

4 蒸25~30分钟。

☞ 蒸过头容易使面团缩成橡皮状。反之，蒸不足则面团不劲道，粘牙。

5 蒸好后放入碗中，用手揉面，趁热加入绵白糖、切碎的艾草、水（分量外），用手混匀，使整体呈均匀的绿色。

☞ 尽可能地将上新粉的颗粒揉细，面团才更细腻。

6 面团分成小块，每块35g，放在掌心揉圆压平，包住馅团。

7 捏成慈姑形。接头处非完整的弧形，顶端稍微往上拉伸，用食指和中指夹断即可。

※ 除此外还有蛤蜊形、束口袋形等多种造型。

制作要点	草饼的底部撒上些黄豆粉，不黏器具，而且口感更好。

御手洗丸子［上新粉］

浇上砂糖酱油芡汁的串丸子。据说是京都下鸭庙宇举行御手洗祭时用来供奉的食物。以前每串有5颗，5文钱。而后来变成4文钱卖4颗。

材料（15个的用量）

上新粉……………………500g
热水…………………400~450ml
［酱油芡汁］
酱油…………………………50ml
海带汤………………………100ml
绵白糖………………………70g
淀粉…………………………5g
水……………………………10ml
甜料酒………………………6ml

成品重量

・每串60g（15g×4颗）

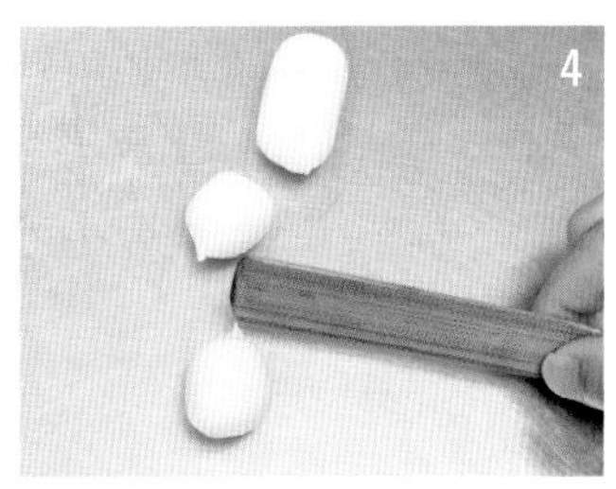

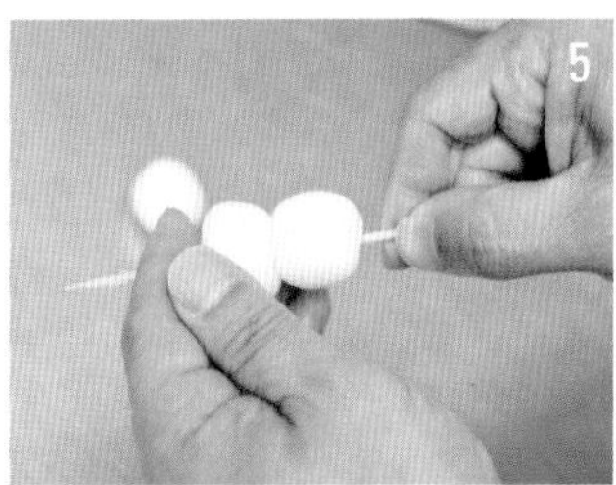

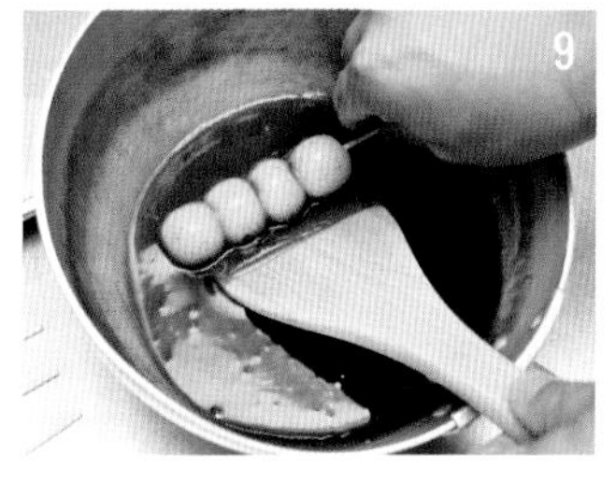

制作方法

1 慢慢把热水（50~60℃）倒入上新粉中，用手揉捏。面团软硬度与耳垂相当。

☞ 避免一开始面团就过于柔软，呈黏糊状，加热水时要分多次一点一点添加。

2 湿纱布铺到蒸锅上，面团分成一口的大小，高火蒸30分钟。

3 放入碗中，待温度下降面块变得柔滑时，用手充分揉匀。

4 面团放到操作台上，用竹刮刀和菜刀将其切成丸子状，每个15g。

5 将步骤4切好的4颗丸子串到竹签上，放到烤架上用中火且离火稍远一些烤制，烤成焦黄色。

☞ 顶端不要露出竹签，否则容易烤焦。

6 制作酱油芡汁。将酱油、海带汤、砂糖放入小锅中，加热。

7 淀粉倒入碗中用水溶解，步骤6沸腾后加入其中。

8 再次沸腾，慢慢变透明时加入甜料酒，关火。

☞ 添加甜料酒，使丸子富有光泽。

9 余热散尽后将步骤5浸入其中。

☞ 面团的详细制作方法请参照柏饼的制作方法（P31）。

制作要点

淀粉黏稠，需在小锅内充分混匀后方才细滑剔透。

调布［小麦粉］

用面团夹住白色的麻薯，口感粘糯的烧果子。日本律令制时代曾作为租税向朝廷纳贡，因外形向布匹而得名。

材料（16个的用量）

［面团］

鸡蛋……………………… 150g
绵白糖…………………… 150g
蜂蜜………………………… 10g
冷水…………………………35ml
小苏打…………………………1g
低筋面粉………………… 165g
水……………………………50ml

［求肥］

水磨糯米粉……………… 100g
冷水……………………… 200ml
绵白糖…………………… 200g
糖稀………………………… 30g

准备工序

- 事先制作好麻薯（参照P14）。
- 在器具上涂抹一层厚1.5cm的淀粉，凝固后先冷冻。

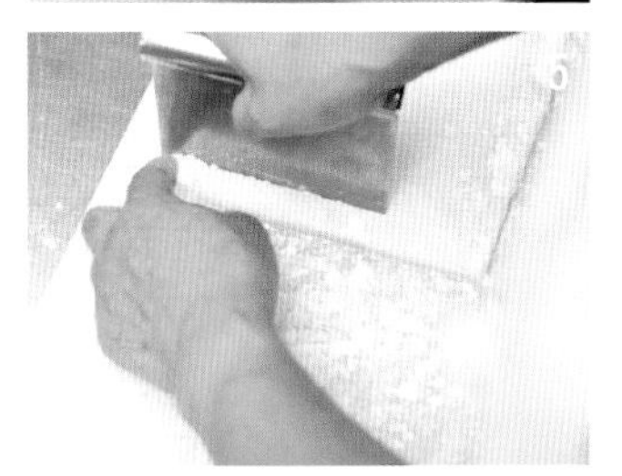

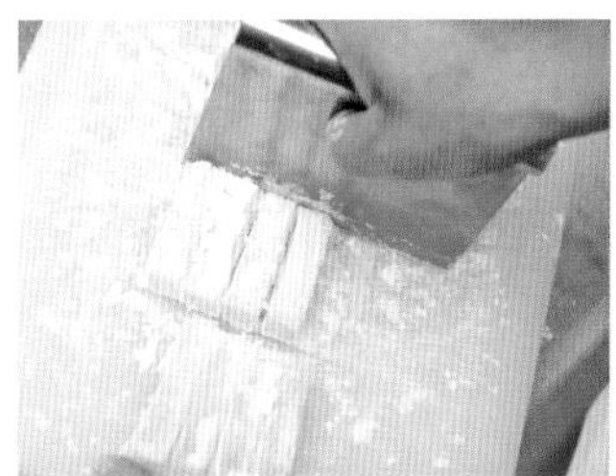

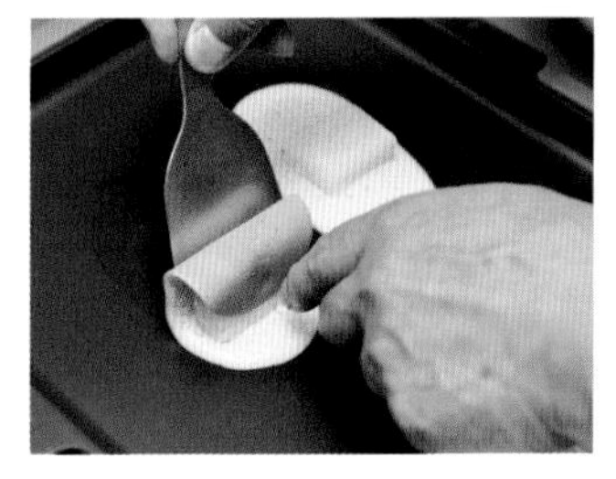

制作方法

1 绵白糖筛滤到碗内，鸡蛋打匀后慢慢倒入碗中，用擀面杖搅拌。

2 充分混合均匀后再加入剩余的蛋液，继续搅匀。

3 小苏打用蜂蜜和水溶解后加入碗中，混匀。

4 再将低筋面粉筛滤至碗内，迅速搅拌混匀。

5 面团放置15分钟。其间取出之前冷冻的麻薯，置于打底粉上，然后切成1.5cm×4cm。完成后用毛刷拂去打底粉。

☞ 经过冷冻的麻薯易于切割，可提高制作效率。

6 如果之前的面团已变硬，可加水调节软硬度。之后放到180℃的烤盘中，试烤一下，适时调节火候。

7 将面团摊成7cm×12cm×1cm的长椭圆形。即便表面起泡也需烤至面皮完全干透。

8 表面烤干后，将两块拂去淀粉的麻薯置于中央，往内侧卷好，轻轻压紧后取出。

9 下面在中央压制出“调布”的烧印后即可。

黄味牡丹［黄味馅］

表面绽开的裂痕看起来像雨后穿过乌云的阳光一样，因此而得名黄味时雨。加入红色的话就称为“黄味牡丹”，透出几分华丽感。疏松绵密，入口即化。

材料（约12个的分量）

［蛋黄炙烤馅］

白色豆沙馅……………………260g

绵白糖…………………………15g

水………………………………适量

蛋黄（煮）……………………1个

［时雨面团］

炙烤内馅………………………全部

蛋黄（生）……………………少量

上新粉…………………………9g

酵母粉…………………………1g

食用色素（嫣红）……………适量

内馅……………………………240g

成品重量

・42g（面团20g、内馅20g、红色面团2g）

・内馅：红豆沙馅

准备工序

・红豆沙馅12等分后制作馅团。

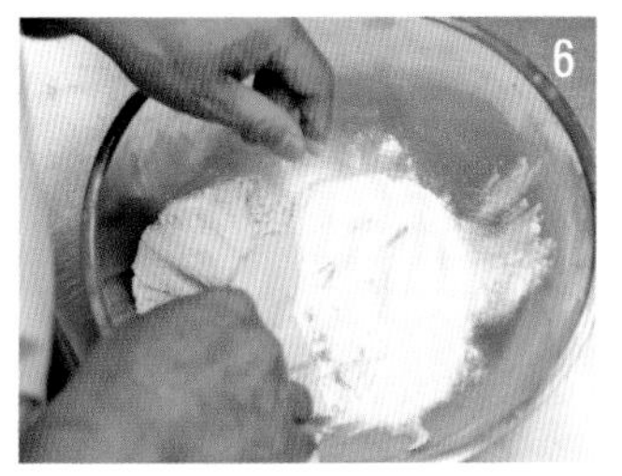

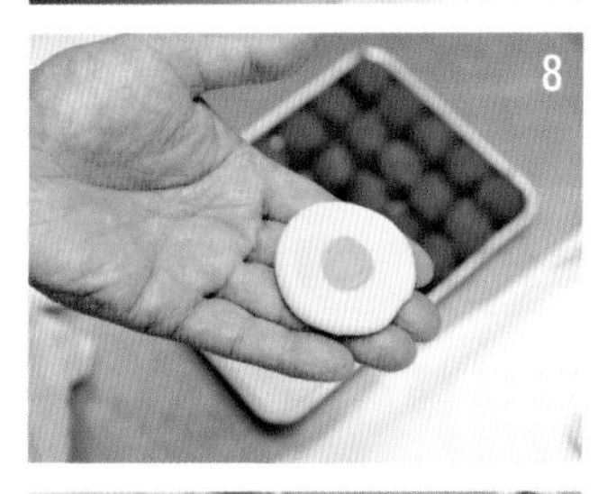

制作方法

1 鸡蛋煮熟后取出蛋黄，经细眼滤网捣碎。

2 白色豆沙馅、步骤1的蛋黄放入锅中，用木刮刀充分混匀。

3 在步骤2中加入绵白糖、水，小火加热搅拌。

4 注意避免烤焦。搅拌至蛋黄炙烤馅水汽稍微蒸干、软硬恰到好处时，关火冷却。

☞ “炙烤”是指将馅加热搅拌的工序。制作而成的馅称为炙烤馅。

5 冷却后的蛋黄炙烤馅放入碗中，再加入蛋黄（生），用橡皮刮刀混匀。

6 在碗的另一侧将上新粉和酵母粉混匀，用手将步骤5的鸡蛋馅迅速混匀。

☞ 避免揉捏时间过长。

7 分成18g的小块，着嫣红色。

8 面团12等分（每块约20g），红色面团做衬馅，再包住面馅。

☞ 衬馅是指在面团上再放上另一块面团。

9 蒸锅中铺上烘焙纸，中火蒸熟。

10 散热后轻轻地放到网格板上。

制作要点

蛋黄的炙烤方法、制作规律并非固定，所以分开多次添加蛋黄，便于调整。如果生蛋黄过多，反而会是面团变硬，需要注意。

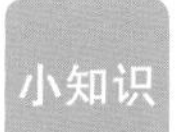

面馅中混入上新粉，成型蒸熟的糕团就称为时雨。表面的裂痕和入口即化的风味十分独特。换红豆制作的话，也称为红豆时雨。

专栏 1

和果子的分类

和果子一般分为以下几种。虽然都称为和果子，但根据水分的多少，又可细分为生果子、半生果子。日本京都地区则把半生果子和干果子统称为干果子。

水分含量区分	制法区分	制法特征		主要制品
生果子	饼果子	以糯米、粳米和其加工品为主要原料		年糕、草饼、柏饼、牡丹饼、红豆糯米饭
	蒸果子	使用蒸锅制作的果子		蒸馒头、蒸羊羹、山药糕、柚子糕、外郎糕等
	烧果子	分成用炉火烤制的平底锅类和用烤箱烤制的烘焙类	平底锅类	铜锣烧、包子、艳袱纱、樱饼、茶通糕、金锷饼等
			烘焙类	栗子饼、月饼、圆松饼(牛奶)、桃山饼、蛋糕等
	流果子	用寒天粉、砂糖和面馅为主要原料，面团呈流动状的点心		锦玉羹、羊羹、水羊羹等
	练果子	以面馅和糯米粉为原料，加入高筋粉和砂糖搅拌混合成面团，再制作出各式造型		练切、碎屑、求肥、雪平等
	炸果子	油炸点心		面馅甜甜圈、炸月饼等
半生果子	馅果子	面馅外裹上一层糖衣		石衣
	冈果子	经过改良调整或与其他东西组合而成		豆馅糯米饼、鹿子饼、州浜
	烧果子	与上述相同	平锅类	合子、茶通饼、草纸饼
			烤箱类	桃山、黄味云平等
	流果子	与生果子相比		锦玉羹、羊羹等
	练果子	与上述相同		求肥等
干果子	打果子	糯米粉、粟粉、豆粉等各类粉与砂糖混合，再加上糖浆，塞到木质模具里，敲打挤压成形的点心		雁饼、慈姑饼、云锦饼、怀中红豆汤等
	押果子	用羊羹舟、木框等不易变形的模具压按制成的点心。与打果子相比，水分更多，入口即化		盐釜、村雨糕等
	挂果子	炒豆或饼干等挂上一层糖浆，味道香甜		御目出糖(糖米糕)、米花糖、五家宝等
	烧果子	与生、半生果子中提及的烧果子一样，材料大致相同，经过烘烤而成的点心		合子、圆松饼、卵松叶、小麦煎饼、米果等
	糖果子	以砂糖和糖稀为主要材料制作的点心		有平糖、翁饴糖等
	炸果子	用油炸制的点心		江米条、炸豆子、炸米果、炸山芋、炸年糕等
	豆果子 米果	以豆类为主要原料的所有和果子的总称，还有粳米仙贝和糯米雪饼、年糕片		炒豆子、酱油海苔豆等 雪饼、仙贝

夏季和果子

紫阳花［半锦玉羹］

用寒天粉制作而成的清凉的上等生果子，宛如梅雨时节盛开的紫阳花。用切成方块的半锦玉羹包住柚子馅，看起来就像一朵温婉的紫阳花。再浇上一层淡雪羹，将雨打花瓣的样子表现得淋漓尽致。

材料（约10个的用量）

［半锦玉羹］（13.5cm×15cm模具）

寒天粉……………………………3g

冷水…………………………700g

精制白砂糖………………100g

糖稀……………………………30g

白色豆沙馅………………120g

食用色素（红色、蓝色）

……………………………各适量

［淡雪羹］

寒天粉末…………………………3g

水…………………………150g

精制白砂糖………………125g

糖稀……………………………50g

蛋清……………………………12g

［内馅］

白色豆沙馅………………150g

柚子酱…………………………15g

成品重量

- 45g（内馅15g）

准备工序

- 用稍硬些的白色豆沙馅与柚子酱混合，将其10等分后制作馅团。

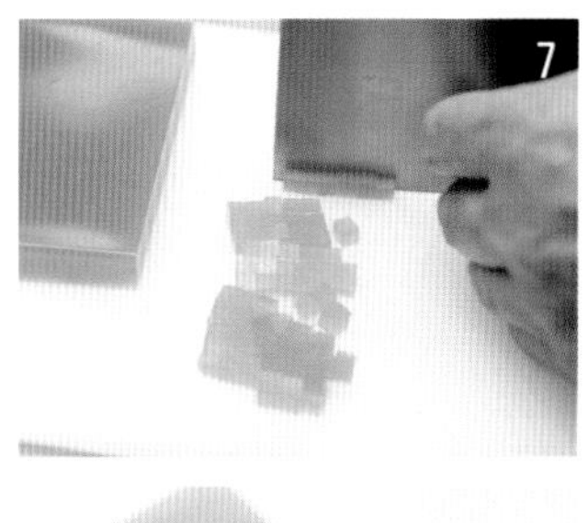

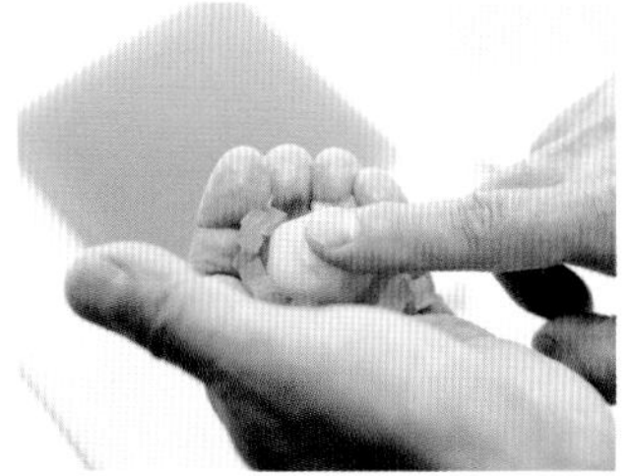

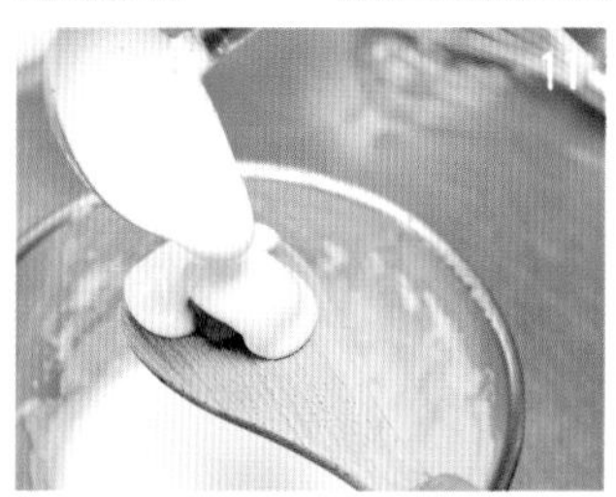

制作方法

1 在锅内加入水，待寒天粉溶化后，调至中火加热。

2 沸腾后加入精制白砂糖，煮化。

3 再慢慢一点点加入白色豆沙馅，加至900g后用木刮刀搅拌均匀。

4 起锅前加入糖稀，确认完全溶解后关火。

5 混入食用色素，着紫阳花色。

6 注入模具中，置于平坦的地方，冷却凝固。

7 凝固后切成5~7mm的方块。

8 方块形的半锦玉羹放在掌心，再加上馅团，组合成珠地网眼状。

［完成］

9 制作淡雪羹。在锅内加水，待寒天粉、精制白砂糖、糖稀溶化后，加热至103℃，煮化。

10 蛋清倒入碗内打泡，慢慢将步骤9的锦玉液加入其中，再打泡。

11 将步骤8放在木刮刀上，表面浇上一层步骤10。

12 用筷子将糕团夹住，放在铺好保鲜膜的方盘里，常温下冷却凝固。

制作要点

在淡雪羹中加入蛋清，可让口感大为不同。打泡的蛋清中加入锦玉液后更膨松轻柔。锦玉液中加入蛋清再打泡，则可让糕团的口味浓重。

在锦玉液中加入白色豆沙馅就变成“半锦玉羹”，在锦玉液中加入蛋清则变成“淡雪羹”。

牵牛花［雪平］

任凭盛夏炎热却仍旧傲然绽放的牵牛花，制作中采用了白馅与蛋清与求肥混合，用“雪平”将其表现得栩栩如生。花色采用羊羹的着色方法，可以浸染成任何颜色。锦玉则衬托出朝露的光泽与灿烂。

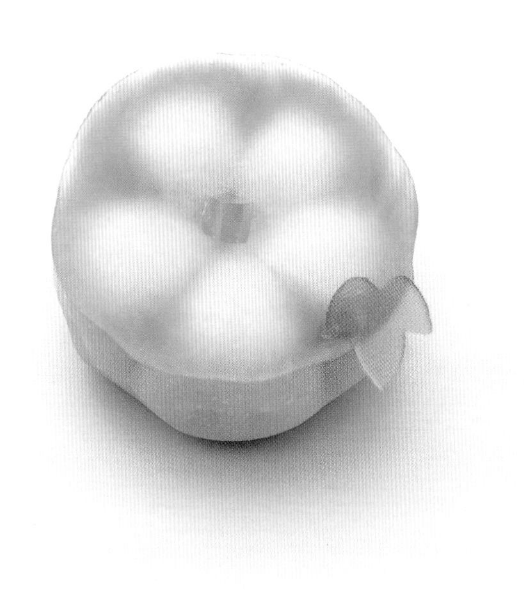

材料（16个的用量）

［雪平］

水磨糯米粉…………………… 50g
水……………………………80ml
精制白砂糖……………… 100g
蛋清………………………… 15g
白色豆沙馅………………… 80g
内馅……………………… 500g

[羊羹]

寒天粉…………………………3g
精制白砂糖……………… 120g
水………………………… 150ml
内馅……………………… 260g
食用色素（紫色、绿色）… 适量
锦玉………………………… 适量

成品重量

- 42g（面团14g、内馅28g）
- 内馅：白色馅

准备工序

- 白色豆沙馅16等分后制作馅团。

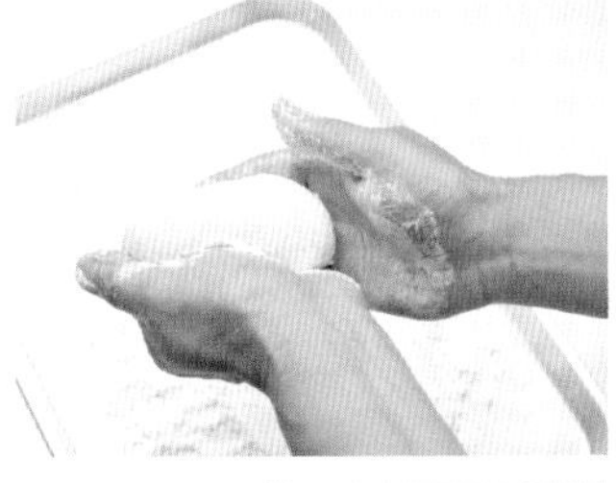

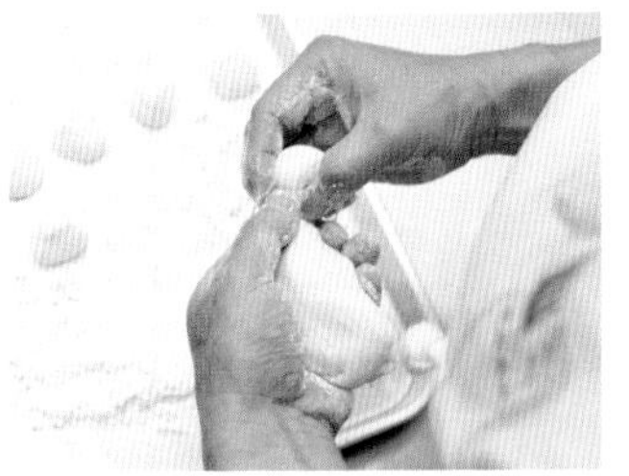

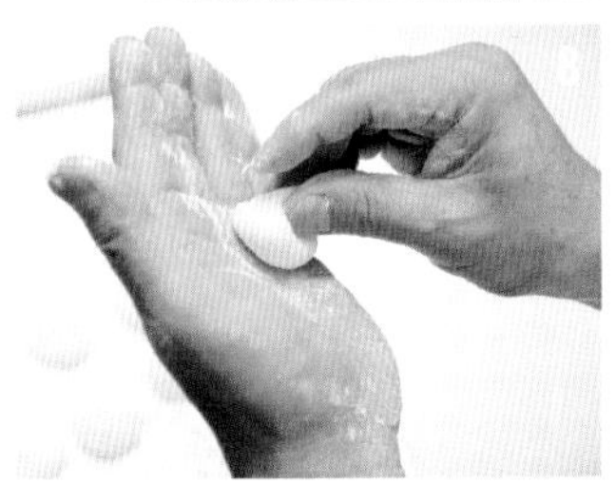

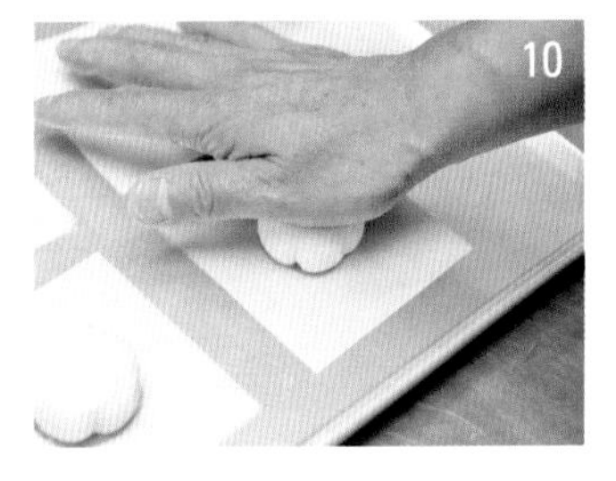

制作方法

1 糯米粉和水倒入锅中，用手混匀，不要留有面疙瘩。

2 中火加热，用木刮刀搅拌。搅拌5分钟左右，使糯米面更加细腻顺滑。

3 混合物变黏稠后，再分3次加入精制白砂糖，继续搅拌至溶化。

※ 一次性添加砂糖会导致混合物与糖分分离，需要注意。

4 加入蛋清后，迅速搅拌锅底的混合物，使底部也能充分接触空气，混合均匀。

5 加入白色豆沙馅，混匀。添加面馅后混合物就不再有透明感。

6 加水，同时调整软硬度。取出后放到撒好太白粉的方盘中，稍微冷却。

7 两手抹上太白粉，将面团揉成一整块。沾满太白粉后往内侧折叠，表面更工整。然后将面团分成小块，每块14g。

8 挤压中间的空气，包住面馅，尽量揉成圆形。

9 用小竹刮刀分割成5瓣。

10 上面加入紫色的羊羹，放到蜡纸上。

11 定型后再拿掉蜡纸，盖上纱布，中央用竹签压出凹槽。

12 将锦玉置于中央，再放上羊羹制作的叶子做装饰。

小知识 用加入蛋清的糯米面团包住面馅的糕团成为“雪平”。加入蛋清后，面团口感犹如棉花糖一般松软绵密。

枇杷［外郎］

用外郎面团制成形象逼真的琵琶。橙色的蒂以及绿色面团构成的十字切口是糕团看起来栩栩如生的关键。果实内馅同样趣味盎然。

材料（12个的用量）

［外郎面团］

薯蓣粉……………………… 70g
干磨糯米粉………………… 20g
低筋面粉…………………… 10g
绵白糖……………………… 120g
水…………………………… 120ml
食用色素（茶色、黄色、红色）
……………………………… 各适量
练切（绿色）……………… 适量

［内馅］

白色豆沙馅………………… 250g
蛋黄………………………… 2个
糖稀………………………… 20g

成品重量

・45g（面团25g、内馅20g）

准备工序

・60ml水中加入40g绵白糖，混合后制作糖水。
・白色豆沙馅、蛋黄、糖稀混合，中火加热搅匀，制作内馅。
・内馅12等分后制作馅团。

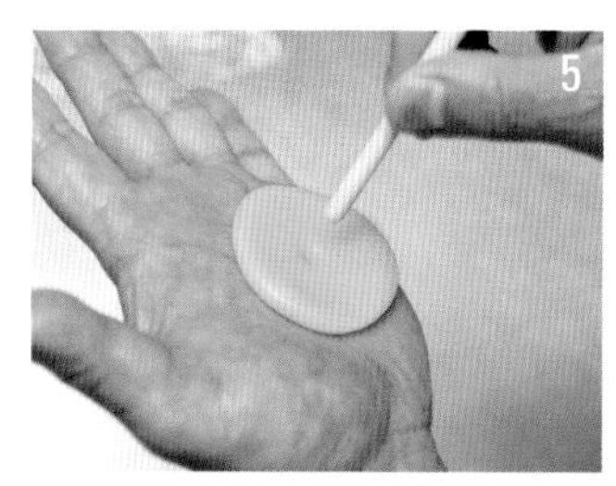

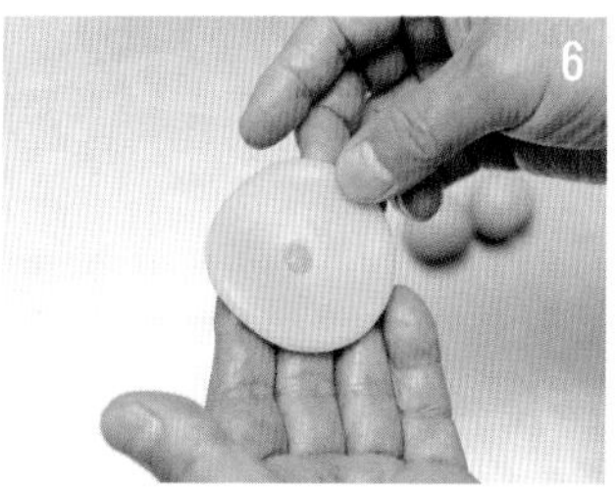

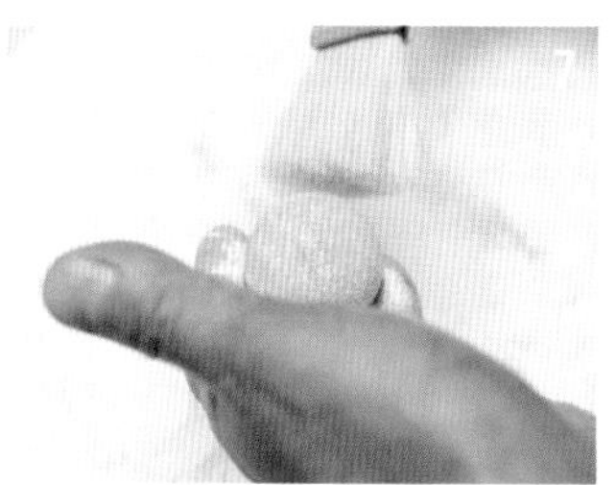

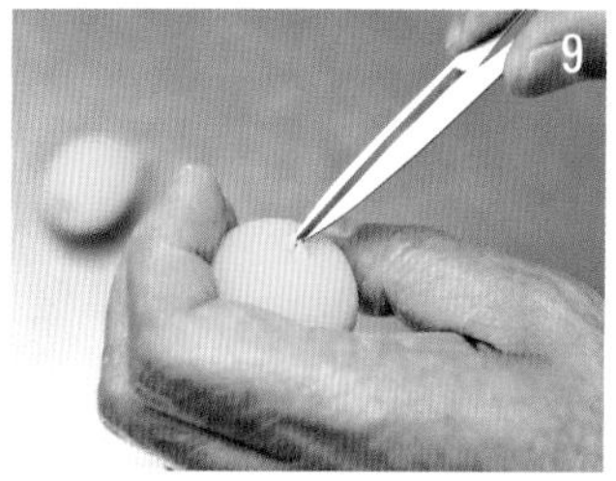

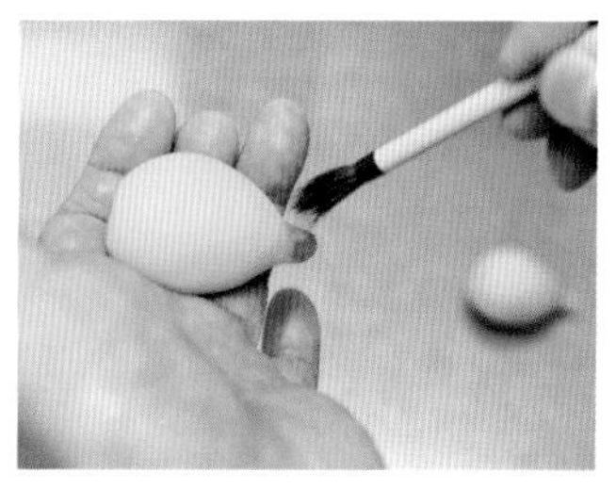

制作方法

1 绵白糖、粉类材料一起倒入碗中，加水后用打泡器混匀。

2 模具放到蒸锅中，再铺上纱布，接着倒入面团，蒸25分钟。

3 蒸好后将外郎面团移至碗内，用木刮刀搅拌，着琵琶色。取出少量着绿色。

4 加入糖水后将面团分成小块，每块25g。

糖水是指将砂糖溶水煮沸，可用于调节面团的软硬度。

5 揉成圆形，压平。中央用圆棒压出凹痕。

6 绿色面团放在凹痕处（枇杷底部），包住面馅。

7 用毛刷在表面抹一层太白粉，除去光泽。

8 用手捏出枇杷的形状，顶端（橙色蒂）稍微凸出。

9 用小镊子将底部的4片蒂拉起，顶端则用笔涂成咖啡色。

制作要点	需趁热加入糖水着色。切勿与冷面团混合。

蕨菜糕［蕨粉］

自古以来，蕨菜一直是宣告春天来临的植物，其茎部与根部都可以用来制作淀粉。最近原料上涨，市面上通常是用番薯或木薯代替淀粉，但纯蕨菜的弹性无可比拟。

材料（13.5cm×15cm的模具）

纯蕨粉…………………… 150g
绵白糖…………………… 250g
水………………………… 350ml
糖稀……………………… 25g
黄豆面…………………… 适量

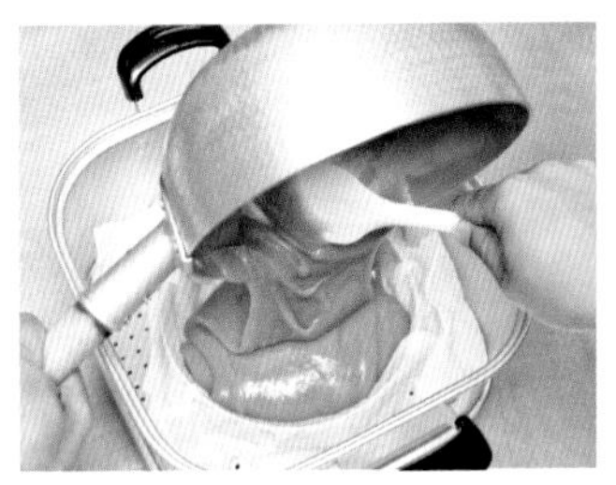

制作方法

1 将蕨粉和水倒入锅中，用木刮刀搅拌均匀，完全溶解成黏稠状后再加入绵白糖和糖稀，开火加热。

搅拌时木刮刀不要离开锅底，避免糊底。

2 加热至“半成”状态后关火，将混合物倒入铺有纱布的模具中，注意纱布需事前拧干。接着放入蒸锅中，蒸20分钟左右。

3 蒸好的混合物倒入锅内，用木刮刀搅拌，加热10分钟左右，呈黏稠状。

充分加热至糖色，富有透明感和光泽，可以加入分量外的水进行调整。

4 将混合物倒入撒有黄豆面的模具中。表面再撒一层黄豆面，防止干裂。放置常温冷却凝固。

5 凝固后用刀切成2cm的骰子状，再撒上黄豆面。

制作要点

“半成”状态如图所示。尚未呈透明状，带有一半的粉末感。相应的，“成品”则是指不再有白色混浊、完全呈现出透明感的状态。

小知识

蕨粉的产地多为岐阜县的高山、奈良、福冈、长野等地，但能用于原料的仅有根茎部分，所以产量极少。而产量更少的经过3~5年晾晒的纯蕨粉是用于制作上等和果子的原料。

葛馒头［葛粉］

经过浸染的漂亮内馅、用葛粉包裹而成的上等生果子是茶间的必备点心。中国也称其为水晶包子，宛如水晶般剔透清凉。别名水馒头或水仙馒头。

材料（15个的用量）

纯葛粉…………………………50g
水…………………………280g
精制白砂糖………………140g
［内馅］
白色豆沙馅………………300g
熟透的梅子酱………………30g

成品重量

- 50g（面团30g、内馅20g）

准备工序

- 制作面馅，15等分后揉成馅团。
- 梅子酱加入稍硬的白色豆沙馅中，混匀。如果选用稍软的白色豆沙馅时，需事前在锅中加热除去水分。

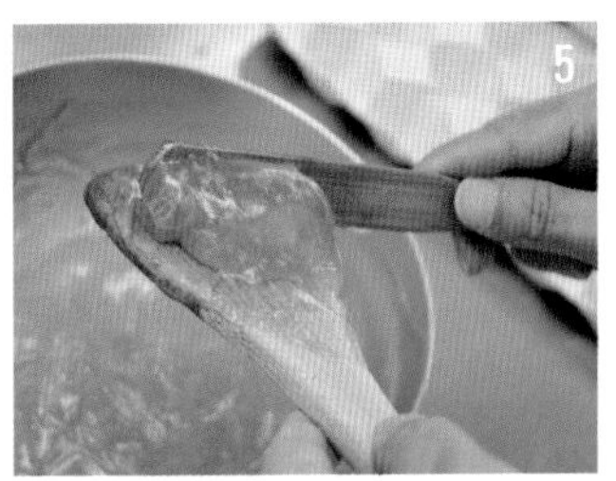

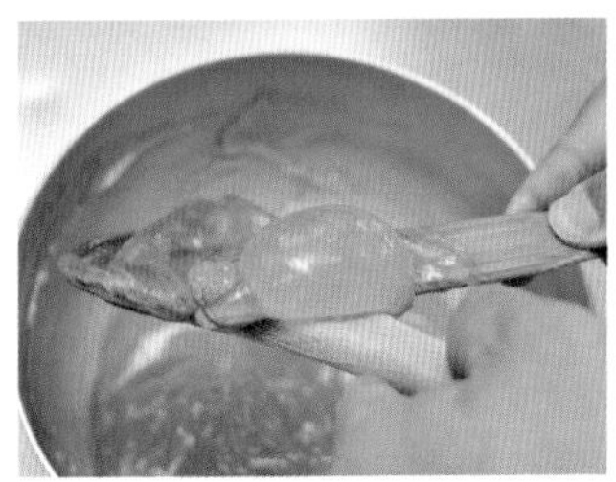

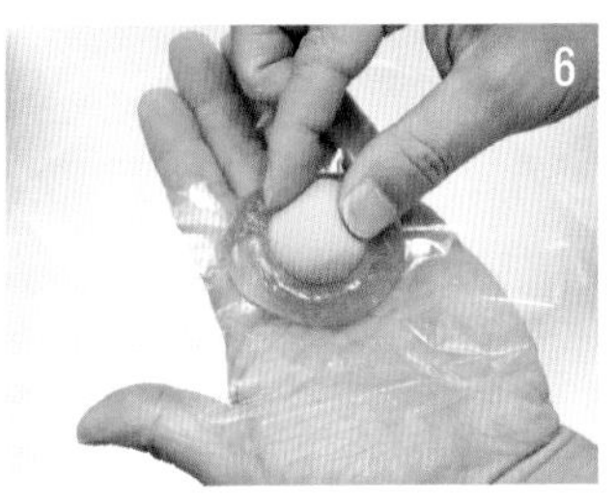

制作方法

1. 葛粉与精制白砂糖倒入锅中，加水溶解。
2. 调至中火加热，木刮刀轻轻与锅底摩擦搅拌，至成品状态。

   需不间断地搅拌，防止糊底。有关成品的解释请参照P49的制作要点。

3. 继续混匀，渐渐凝固变透明时加大火。

   可除去葛粉的异味。

4. 加热至透明的状态后关火。
5. 用木刮刀取30g左右的粉团，再用竹刮刀来回搅动，使粉团呈圆形。
6. 放到OPP膜上，再加上馅团，捏紧膜。
7. 为了保持圆形，可以将粉团置于鸡蛋托或茶碗中，定型。

制作要点1 需趁热包好，否则粉团变硬后不易贴合。粉团变冷后可以放入热水中隔水加热后再继续操作。

制作要点2 可用保鲜膜代替OPP膜。也可以采用薄膜包住粉团放入冷水中进行降温。

⁂ 水无月［外郎］

外郎面团与红豆搭配，用刀切分成三角形的生果子。红豆寓意驱魔，三角形则代表祛暑的冰块。日本京都地区每年的6月30日都会吃水无月，希望能驱除半年的罪恶与不顺。

材料（13.5cm×15cm的模具）

水磨糯米粉…………………… 30g
葛粉………………………… 20g
低筋面粉…………………… 80g
薯蓣粉……………………… 60g
水………………………… 260g
绵白糖…………………… 200g
大纳言蜜豆………………… 80g

［艳天］

寒天粉…………………………3g
绵白糖…………………… 150g
水……………………… 150g

准备工序

- 制作艳天。
- 寒天粉、绵白糖、水倒入锅内，开火煮沸溶解。
  ※剩余的部分可以放到冰箱中保存，使用时再度加水煮沸溶解即可。

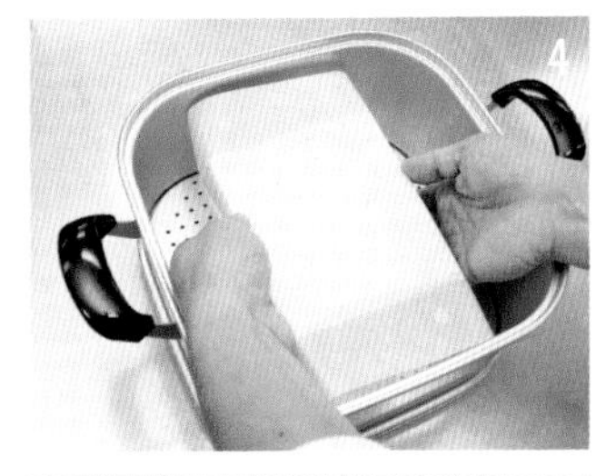

制作方法

1 慢慢在水磨糯米粉、葛粉中加水，搅拌均匀，不要留有面疙瘩。

2 混合绵白糖、低筋面粉、薯蓣粉，加入步骤1中，用打泡器混合。

添加葛粉，使糕团不易粘牙，便于吞咽。

3 在模具中铺上厨房用纸，倒入9/10的面团。

另外1/10用于与豆粒黏合。

4 盖上一层厨房用纸，保湿，蒸30分钟左右。

5 用橡胶刮刀去掉表面的黏液。

6 将蜜汁浸泡的红豆整齐地排列好，接着倒入剩余的混合液，再蒸10分钟。

豆粒大体浸泡在液体中，露出顶端即可。

7 常温冷却凝固，翻转模具，取出。

8 正面用毛刷涂一层艳天，再用刀切成边长6cm的正方形，再2等分，切分成三角形。

制作要点　步骤5中必须除去表面的黏液，否则会影响豆粒的黏合性。

❋ 水羊羹［红豆馅］

羊羹中富含水分，舌尖的触感润滑细腻。根据1856年的资料记载，水羊羹的原料为“小麦”“葛粉”，但现在普遍使用寒天粉，是夏天极具代表性的凉糕。

材料（13.5cm×15cm的模具）

寒天块（寒天棒）…………………………1/2根（4g）
（如若是寒天丝则需准备4g，寒天粉则需准备3~4g）
水……………………………300ml
精制白砂糖…………………120g
红豆馅………………………500g
葛粉……………………………3g
水……………………………20ml
食盐……………………………1g

制作方法

1 寒天块放入碗内，先浸泡在水中。上面盖一层纱布，并均匀完整地浸泡在水中。

2 清洗干净后拧干水，再在锅中加入适量的水，开火。

3 寒天完全溶化后，再添加精制白砂糖。

4 沸腾后放入面馅碎片，用木刮刀搅拌混匀。

5 再度沸腾后，先用水溶解葛粉，再加入少许步骤3的羊羹，混合均匀后再添加。

在葛粉溶液中加入少量的羊羹，如果量过多容易形成结块。

6 用水溶解食盐，加入其中后开火。

7 经过滤器，橡胶刮刀悬于水中，轻轻混匀，冷却至45℃。

为避免出现结块，需一边搅拌一边冷却。由于结块部分会相当硬，需要注意。

8 将模具置于平坦的地方，注入溶液，凝固。

9 放到冰箱内或常温冷却凝固后，用刀切成适口的大小。

10 最后将水羊羹放到樱花叶片上即可。

制作要点

经过长时间水煮后，寒天的凝固力会下降，因此当寒天沸腾后需马上完全浸泡在水中。食谱中所示的水量为整个制作过程所需的用量，为保证之后的步骤中能有足够的水量，请精确计量用水。

⁘凉粉［红藻类］

石花菜和海苔等红藻类煮沸溶化后，凝固成寒天质。再用醋和酱油调味，热量非常低。只需煮化即可，出乎意料地简单，适合家庭制作。

材料（适量）

石花菜…………………………50g
水………………………………2L
醋……………………………少许
［芡汁］
醋……………………………50ml
酱油…………………………18ml
砂糖……………………………5g

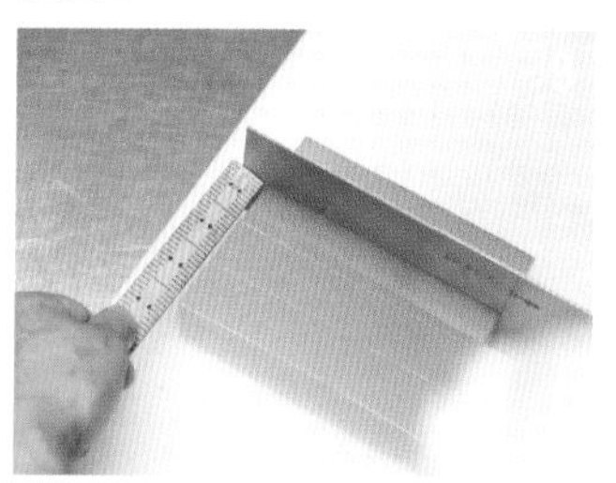

制作方法

1 用水洗净石花菜，之后充分去除水分。

2 大锅中加入1L水，煮沸。放入石花菜，煮20分钟。沸腾后加入醋。

3 汤汁要往外溢时，再加入剩余的水。调至中火，再煮30~40分钟。

4 制作芡汁。将醋、酱油、砂糖放入小锅中，用小火加热，无需沸腾，发出咕嘟咕嘟的声音时即可关火冷却。

5 纱布铺到过滤器上，将步骤3倒入过滤器中，进行过滤。

6 如有需要，可以加入水溶烧明矾，混匀。

※烧明矾具有漂白作用，如需要茶色效果则可以省略此步骤。

7 注入模具中，常温冷却固定。

8 凝固后从模具中取出，用刀切分底面沉积的异物和碎屑，取出。

9 用名为黄铜刀的专用工具按其尺寸切分，再推到装有水的碗里。没有黄铜刀的话可以用普通刀切成适口的大小即可。

10 盛到器皿里，浇上步骤4的芡汁。按个人喜好加入海苔丝和白芝麻。

凉粉浸泡在水中可以在冰箱内保存一周。加上红糖汁味道会更甜。

凉粉冻结干燥后即是寒天。不仅有细长形，还有由石花菜的提取物凝固而成的“凉粉”，形状各异。

制作要点	在调节硬度时，可以用杯子先取少量进行尝试确认。

⁘道明寺羹［道明寺］

将道明寺粉溶于锦玉液中凝固成型的上等生果子。半透明的道明寺晶体散落其中，有如小雨夹雪的朦胧感，因此也称为“霙羹”。清凉通透，让夏天的茶席多一分美丽的色彩。

材料（150ml容量，12个的用量）

寒天丝……………………… 7.5g
水………………………… 300ml
精制白砂糖……………… 350g
糖稀……………………… 50g
道明寺粉………………… 25g
水………………………… 25ml
［抹茶馅］
白色豆沙馅……………… 120g
抹茶粉…………………… 适量

准备工序

- 硬质的白色豆沙馅与抹茶粉混合，制作抹茶馅。
  ※按个人喜好加减抹茶的用量（标准用量为馅的1%~2%）。

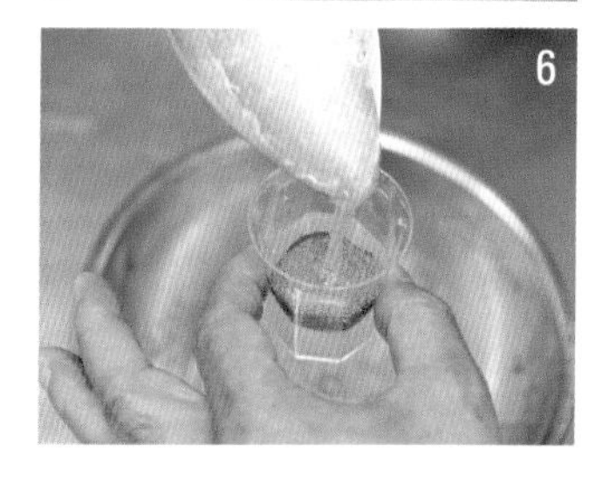

制作方法

1. 道明寺粉事先倒入等量的水中。
2. 用纱布包住步骤1，蒸20分钟后用水洗干净。

   除去道明寺粉的黏液后制作出的锦玉羹才会通透。
3. 制作锦玉液。将寒天丝、水倒入小锅内，煮沸。再加入精制白砂糖，煮化。关火后加入糖稀，完全溶化后进行过滤。
4. 将步骤2道明寺粉的水分充分滤干，倒入其他容器中，再慢慢加入煮过的锦玉液，混合时注意不要出现结块，冷却至50℃。

   需要充分冷却，否则中间的馅团会浮起。
5. 抹茶馅分成小块，每块10g，制作馅团。
6. 将步骤4慢慢注入容器中，再加入步骤5的馅团，从上方注入步骤4，置于常温下冷固。

小知识

锦玉液是指将寒天煮化后加入砂糖和水的混合溶液。将其冷却凝固后即是锦玉羹。

⁙ 水果啫喱［琼脂］

日式啫喱使用琼脂制作出透明感。琼脂中富含海藻的提取物卡拉胶，与明胶和寒天相比透明度更高，能散发出诱人的光泽。

材料（200ml容量，8个的用量）

A	琼脂	8g
	绵白糖	40g
	水	280ml
B	糖稀	220g
	绵白糖	75g
	梅酒	170g

水果罐头（黄桃、白桃、菠萝、桔子、樱桃、葡萄）………适量

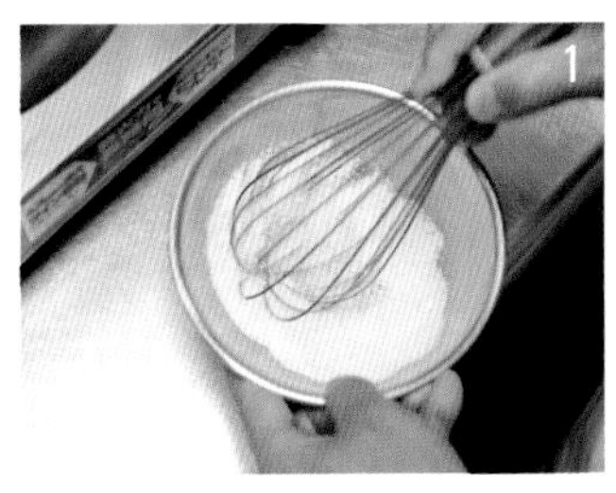

制作方法

A

1 琼脂与绵白糖倒入碗内，混合。加水溶解。

※结块再加热已不能充分溶解，所以提前混入砂糖为宜。

2 移到小锅中，开火加热至90℃。

B

3 在另外的锅里加入糖稀、绵白糖、梅酒，加热溶解。

※若需要挥发酒精成分，加热沸腾即可。

4 将步骤3慢慢一点点加入步骤2中，用橡胶刮刀搅拌混合后再加热至90℃。同时将水果罐头倒入杯子中，约一半量。

5 沸腾前关火，再将溶液注入杯子中。

※冷固至60℃左右，更易操作。

6 常温冷却后再置于冰箱中冷藏。

琼脂是日式啫喱中常用的寒天风味明胶。

⁘白玉善哉［水磨糯米粉］

小仓羊羹和糯米丸子组合而成的适合夏天的小豆粥。“善哉”是佛教用语，寓意“随意祝愿”，年初都会食用神圣的年糕而许愿，因此而得名。

材料（200ml容器，8个的用量）

［小仓羹］

寒天粉……………………………1g
精制白砂糖………………… 20g
红豆沙馅………………… 140g
大纳言蜜豆……………… 350g
糖稀…………………………… 40g
食盐…………………………… 少许
水………………………… 100ml

［糯米丸子］

水磨糯米粉……………… 100g
精制白砂糖………………… 20g
水……………………………70ml

成品重量

- 小仓羹70g，糯米丸子5~6个。

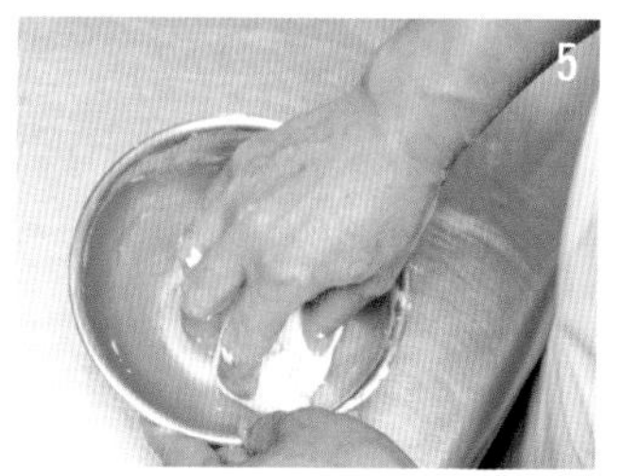

制作方法

1. 在小锅中加入水和寒天粉，中火加热，寒天粉溶化后加入精制白砂糖。
2. 砂糖溶化后，再加入红豆沙馅、大纳言蜜豆。
3. 加入糖稀和食盐，搅拌。
4. 倒入杯中，放入冰箱中冷藏。
5. 在碗中加入水磨糯米粉、绵白糖、水，用手揉匀。
   做好马上就吃的话，无需加白糖。
6. 分成适口的大小，揉圆。但为了水煮时更容易熟透，可以稍稍压平一点。
7. 糯米丸子在沸腾的热水中经过煮制后会膨胀，可以放入冰水中，用水清洗，除去黏液。
8. 滤干水分，将5~6颗丸子放在小仓羹上即可。

从卖相角度考虑，可以将大纳言蜜豆煮至含糖量45%，再与同样在45%含糖量蜜汁中浸泡的红豆混合而成。若感觉太甜，可以加入一些海藻糖，不会降低含糖量，仅降低甜味即可。

含糖量超过40%时，就开始能够感受到甜味。可按个人的喜好调节味道。

残月［小麦粉］

古往今来，人们都将拂晓仍留在空中的月亮称为“残月”。表面涂上霜糖，表现出半月与朝霞相互衬托的样子。面团中间加入生姜汁，余味无穷。

材料（约10个的用量）

鸡蛋………………2个（120g）
绵白糖……………………120g
糖稀……………………………7g
蜂蜜……………………………7g
生姜……………………………12g
上新粉…………………………12g
低筋面粉……………………110g
内馅……………………………250g
霜糖……………………………适量

成品重量

- 50g（面团30g、内馅20g）
- 内馅：红豆沙馅

准备

- 红豆馅12等分，制作出横长形的馅团。
- 制作霜糖（参照P135）。

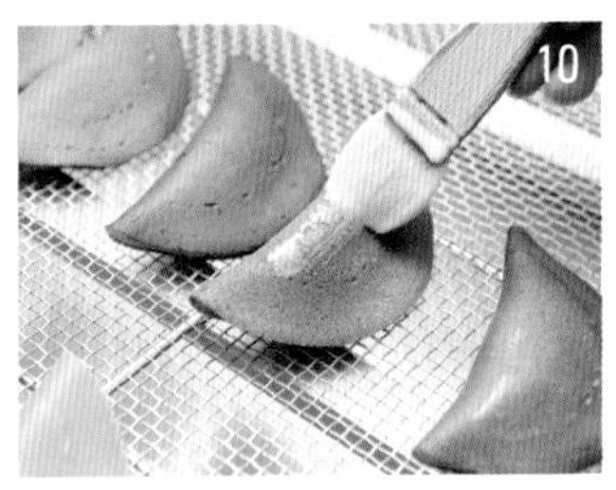

制作方法

1 绵白糖倒入碗内。

2 打匀的鸡蛋分2~3次加入碗中，用擀面杖搅拌。

3 生姜用削皮器去皮，之后用纱布包好，拧紧。

4 糖稀、蜂蜜、生姜汁混合，加入步骤2中。

5 添加上新粉、低筋面粉，用打泡器混合。

将10%的面粉换成上新粉，更好地与霜糖黏合。

6 面团放置15分钟后，再加入水（分量外）调节软硬度。

7 用180℃的烤盘试烤一下，然后将面团拉成直径10cm、厚1~2mm的圆形。

拉成圆形后，正中央用勺压平。

8 放上馅团，对折。

9 再放到圆筒中，压出弧度。

10 冷却后，调整霜糖的软硬度，毛刷呈90℃直立状，沿一定的方向刷4~5次，进行上光。

制作要点

糖衣也可以称作是一种“抛光”，糖浆溶化后用毛刷来回涂抹的过程叫做“上光”。糖衣可用糖霜（砂糖+少许蛋清）代替。

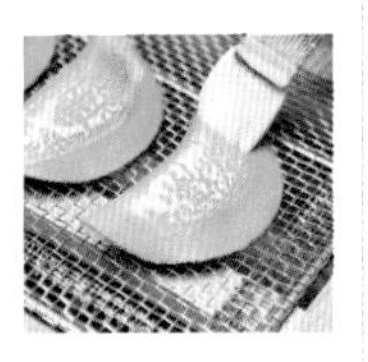

专栏 2

上等生果子中常用的生果子分类

和果子的用途多种多样。寓意高级的生果子就称为“上等生果子、上等果子”；类似零食，可以随时随地吃到的果子就称为“普通生果子”；制作当日就可以食用的称为“朝生果子”等，可以分成多种类别。在日本一方水土的孕育下，用于表现花鸟风月的和果子与人们的生活息息相关。

练切

使用白馅制作的上等生果子讲求细节与着色，造型精致。关东地区大多掺入求肥，关西地区则是掺入小麦粉和甘薯等。

裹衣

关西地区常见的素材，使用方法与练切相同。加入豆沙馅和薯蓣粉（或是小麦粉），经过高温蒸制，再加入砂糖，同时用手揉捏而成的面团。制作好的裹衣可上色、卷曲、包裹，按需要调整形状。

雪平

在求肥中加入白色豆沙馅或者白色练切馅，降低求肥的黏性，然后再加入蛋清砂糖，搅拌而成的白色面浆。“平”是指糯米，寓意像雪一样洁白的糯米。

半雪平

在求肥中加入蛋清砂糖后的面浆即是半雪平。柔软而又富有弹性，适合用作外皮，包住内馅即可。

外郎

在上用粉、干磨糯米粉中加入砂糖，再蒸制而成。用于制作上等生果子时，多与葛粉搭配，更显精致。

古时在中国是化痰的特效药，但也有说是用于去除药苦味的点心。日本歌舞伎中的“卖外郎”也指卖药。

金团

用筛子将馅团筛滤成碎屑状，添加在粒馅、求肥、羊羹中央的和果子。筛子网格的大小决定了碎屑的粗细。

锦玉

特指用寒天和砂糖制作的流食中没有面馅的一类。搭配不同的辅材，能制作出各式各样的美味和果子。

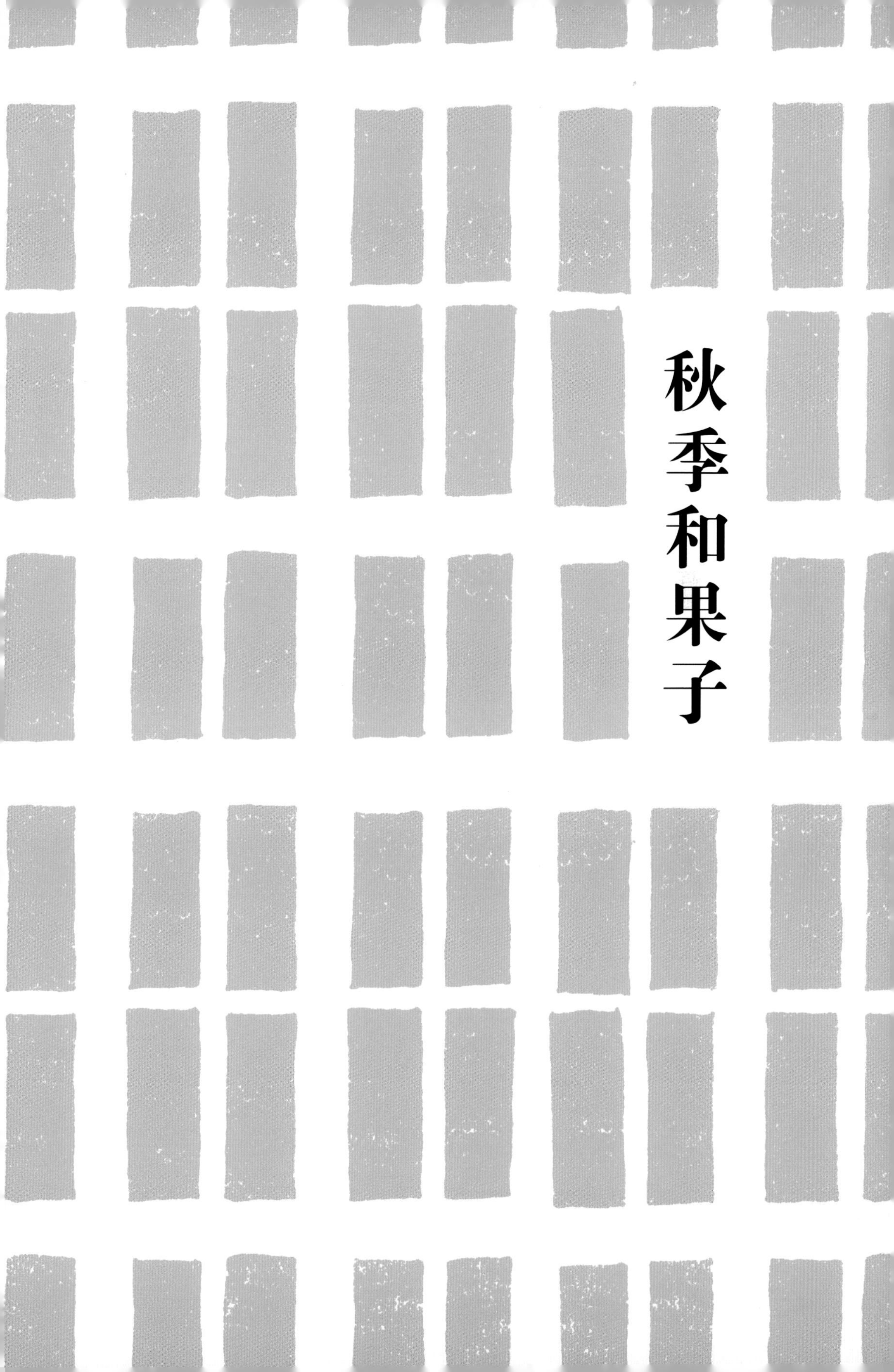

秋季和果子

⁘ 栗子［红豆沙］

豆沙馅与上用粉和低筋面粉经过长时间蒸制，添加砂糖的同时用手揉捏而成，统称为“裹衣”的上等生果子。拥有独特的弹性与风味，讲求熟练的制作技巧。

材料（约12个用量）

红豆沙馅………………… 250g
低筋面粉…………………… 10g
干磨糯米粉…………………2.5g
太白粉…………………………2g
食盐………………………… 少许
上用粉……………………… 适量
［内馅］（适量）
生栗子…………………… 200g
精制白砂糖………………… 60g

成品重量

- 40g（面团22g、栗馅18g）
- 内馅：栗馅

准备工序

- 制作栗馅，揉成馅团。
- 涩皮栗蒸30分钟，从中间分开，用勺子取出肉馅并进行过滤。分数次加入精制白砂糖，搅拌均匀。

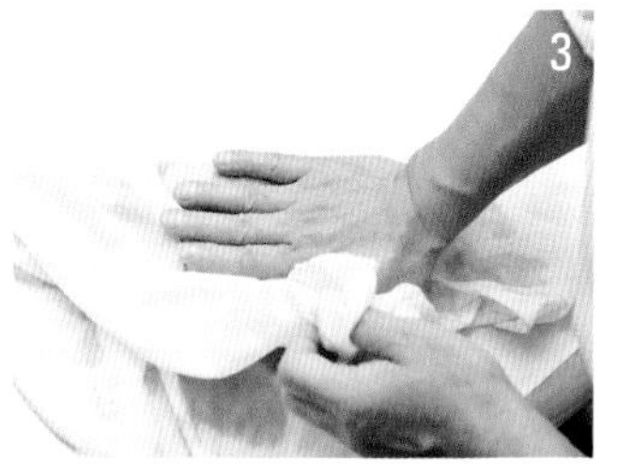
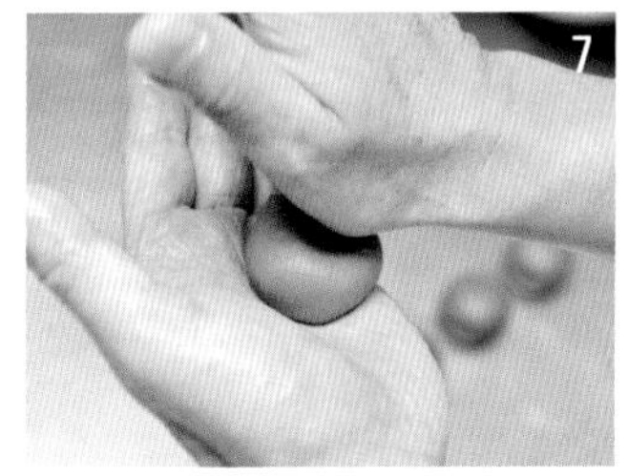

制作方法

1 红豆沙馅、各类粉、食盐倒入碗内，迅速搅拌均匀。

2 分成小块，放到纱布上，蒸30分钟。

3 取出后用手充分揉匀。

4 用保鲜膜包好冷却。

5 再蒸10分钟，用手蜜调整软硬度。

☞ 经过二次蒸制后，面团不易变硬。选用粉类材料制作和果子时，通常都会进行二次蒸制，大概有8%的情况只需一次蒸制。

6 双手抹上手蜜，将面团分成小块，每块重22g，包住馅团。

7 捏成栗子的形状，中央稍稍凹陷。

8 上南粉放入锅中，开火稍微烤焦，粘到栗子的底部。

制作要点 如果没有上南粉，也可以将脆饼干磨碎后使用。

笔记 相比练切馅，味道更出色，但缺点是面馅容易干，且不能进行细工雕琢。如需进行细工雕琢，可以使用炙烤馅（参照P39步骤4）。面馅中面粉的基本配量为10%~15%。

山茶花 [雪平]

山茶花通常是象征冬季的花朵，但它的花蕾却又是浓郁的秋日色彩。优雅的粉色花蕾雪平选用三色渐变面团晕映而成，内馅还加入了富有秋日特色的细腻栗子甘露煮。

材料（20个的用量）

[雪平]

干磨糯米粉…………………… 50g
精制白砂糖……………… 100g
水………………………… 120g
白色豆沙馅…………………… 75g
蛋清………………………… 15g
糖稀………………………… 20g
食用色素（红色）………… 适量

[内馅]

白色豆沙馅……………… 400g
栗子泥（甘露煮）……… 150g

[装饰]

练切（黄）…………………… 适量
羊羹（绿）…………………… 适量

成品重量

- 44g（白色面团14g、粉色2g、内馅28g）
- 内馅：栗馅

准备工序

- 白色豆沙馅与栗子泥均匀混合后制作馅团。

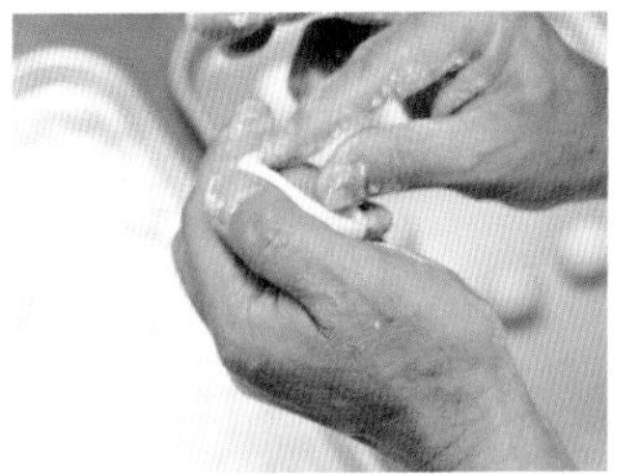

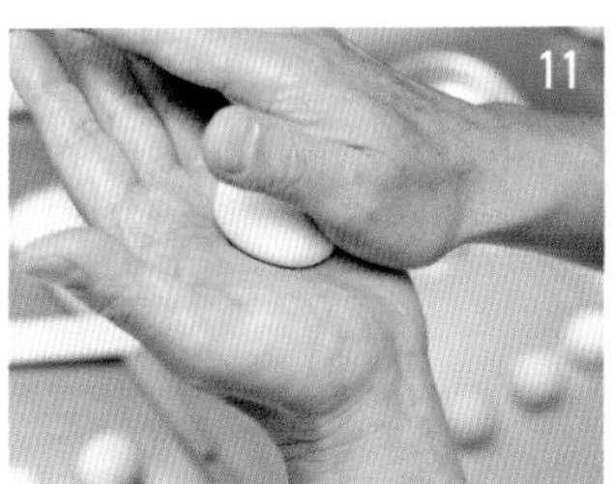

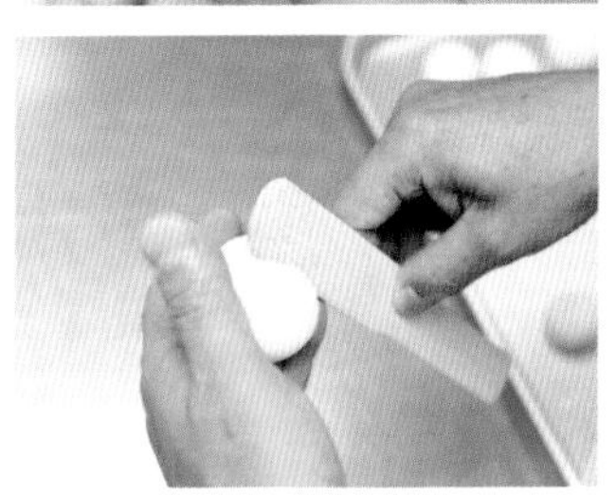

制作方法

［雪平，蒸熬法］

1 糯米粉与水倒入碗中，混合。

2 蒸锅底铺上湿纱布，再将步骤1倒入锅内，蒸15~20分钟。

3 再移到锅内，小火加热，用木刮刀搅拌。

4 分3次添加砂糖，继续搅拌。

5 蛋清倒入碗中，用打泡器打泡，白色普通豆沙馅分成小块，混合搅匀。

6 将步骤5的混合溶液分2~3次倒入步骤4中，充分搅拌均匀。

☞目的在于与空气充分接触，做出的糕团更松软。

7 添加水（分量外），调整软硬度，再用木刮刀搅拌。

8 在50g的雪平面团中加入食用色素（红），混合。接着制作粉色的雪平面团。

9 将面粉分成小块，白色每块14g，粉色每块2g，揉圆。

10 手上涂抹太白粉（分量外），将白色面团压平，粉色的面团置于中央，包住内馅。

☞白色与粉色自然地混合，形成3色渐变。

11 用手掌压平，稍微留出一些厚度，再用竹签在中央划出半圆分割线，捏成山茶花的形状。

12 最后放上练切花蕊和羊羹叶子。

红叶［练切］

秋日咏物诗里的永恒主题，从红色渐变至黄色，酝酿出无法言语的美感。和果子采用3色练切馅组合而成的“渐变”技法制作，表现出晕染的效果。

材料（16个的用量）

白色豆沙馅…………………… 500g
水…………………………………适量
水磨糯米粉（高筋粉）…… 15g
水………………………………30ml
糖稀………………………… 20g
食用色素（红色、黄色）
……………………………各适量

［内馅］

红豆沙馅………………… 250g
糖稀……………………… 30g

成品重量

・43g（橙色面团10g、金黄色面团10g、白色面团8g、内馅15g）

准备工序

① 红豆沙馅和水加入单柄锅中，开火加热。
② 烤干水分后加入糖稀，调整软硬度，与练切馅的硬度相仿。
③ 分成小块，每块15g，制作馅团。

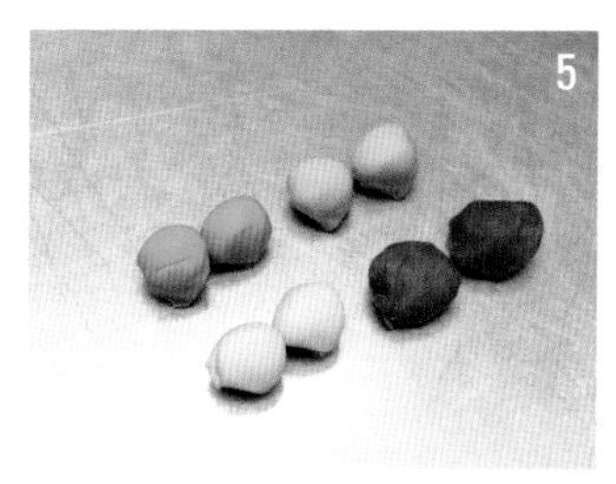

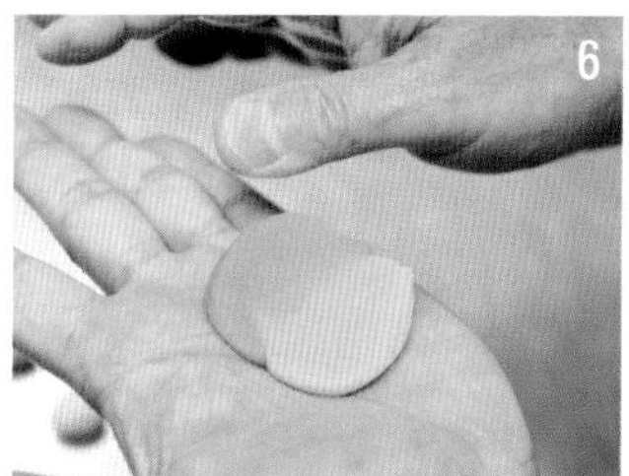

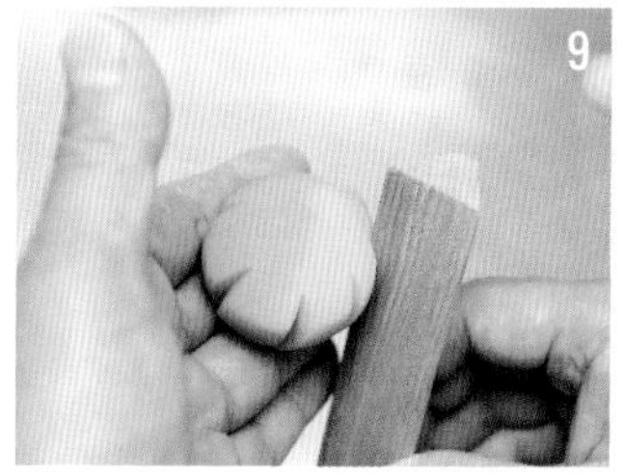

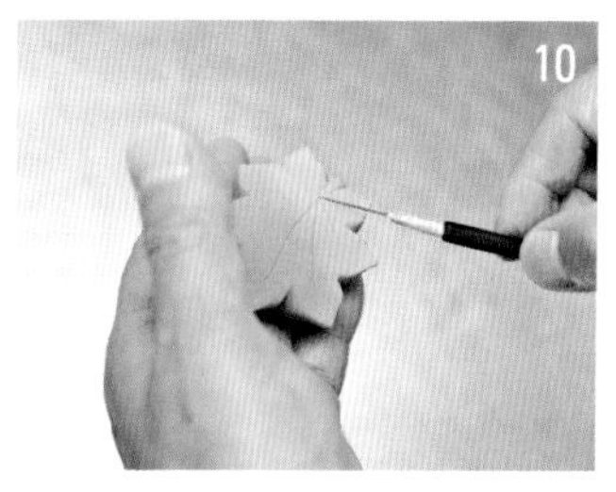

制作方法

[练切馅]

1 在白色豆沙馅中加入少量的水，用大火炙烤，但避免烤焦。

2 其间在锅中加入水溶的糯米粉，继续搅拌。

3 待面馅水分蒸干后加入糖稀，完全溶化后再取出放到纱布或方盘里。

4 分成小块冷却，推揉2~3次。

☞ 分成小块可以尽快地降温冷却。

※推揉方法参照P21。

[红叶造型]

5 练切面团3等分，留出白色面团，再按图示方法，分别着橙色和金黄色。

6 橙色与金黄色面团压平重叠，白色面团拼贴到反面。

7 包住面馅，揉圆，两侧稍厚。表面压平，周围再修整平滑。

8 用三角刮刀分割出7片红叶。

9 叶片顶端用手捏成锐角，再用竹签刻画出叶脉。

10 最后用三角刮刀将叶片侧边压成锯齿状。

制作要点	“压平重叠”的方法如图6所示，先将两块面馅压平再重叠。交接处用手指轻轻抹匀，呈渐变效果。务必注意颜色是由浅至深过度。

萩饼［糯米］

也称“牡丹饼”，春、秋两季用于供奉祖先亡灵的点心。表面散落的红豆粒宛如萩花一般星星点点，因此而得名。简易的牡丹饼用电饭锅就可以制作。

材料（20个的用量）

糯米………………………… 300g
水………………………… 200ml
食盐………………… 按个人喜好
粒馅………………………… 500g
黄豆面………………………… 适量

成品重量

・豆粒牡丹饼… 馅30g、米22g
・黄豆面牡丹饼…………………
…………………… 馅20g、米28g

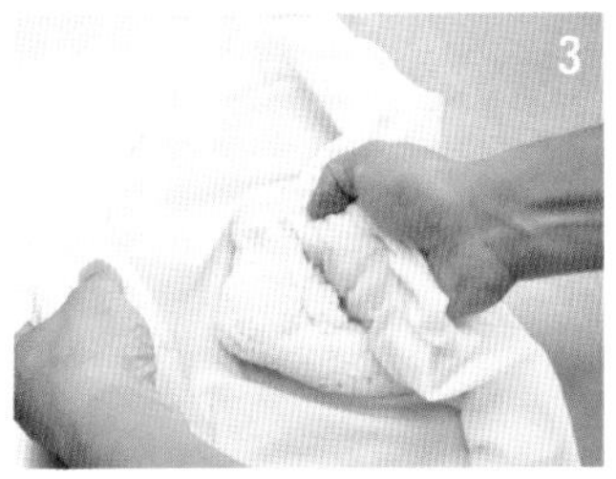

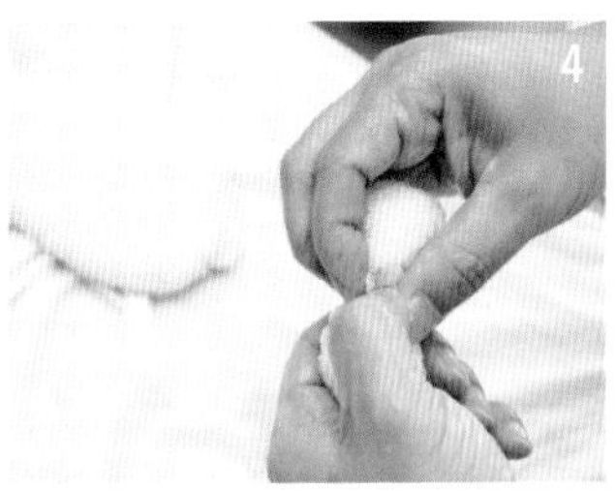

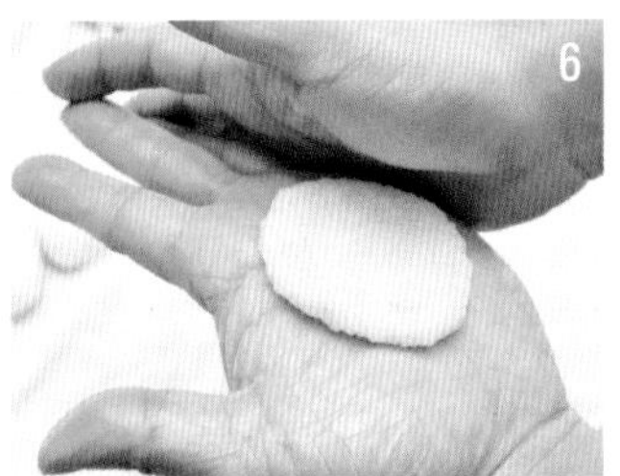

制作方法

1 糯米用水洗净，浸泡4个小时。滤干水后再次加入适量的水。

2 按电饭煲指示煮熟后再蒸。

3 之后将糯米放到拧干的纱布上，用手揉捏。

4 稍微冷却，然后按照指定的重量分成小块，豆粒牡丹饼每份22g，黄豆牡丹饼每份28g。

5 制作豆粒牡丹饼时，将面馅放到掌心，压平后再用面馅包住面团。

6 制作黄豆面牡丹饼时，将糯米面团放到掌心，压平后再包住馅团。最后撒上黄豆粉。

制作要点

类似于散黄豆面的点心都要做得小一些，否则很难保持大小均匀。最后用滤茶网散上黄豆面，更均匀圆润。

小知识

春天的时候，大多数人都把萩饼称为牡丹饼。而关于牡丹饼一名的由来，有说法是其外观像春天盛开的牡丹花一样。也有说法是，原本民间广为流传的做法是用碎米（日语读音与牡丹相同）制作，久而久之就衍变成了牡丹饼。

⁙ 栗子金团 ［白豆沙馅］

一提到栗子金团，大家都会想到年节菜。其实，这里所说的栗子金团是和果子的一种，制作方法完全不同。一般都是在栗子中加入砂糖煮熬，再用茶巾包住拧扭而成。不过京都地区主流的做法是用细腻的面馅制作出栗子球一样的生果子。

材料（20个的用量）

［栗子金团］

白色豆沙馅………………… 200g

精制白砂糖…………………… 22g

糖稀…………………………… 25g

栗子（甘露煮）…………… 45g

水……………………………适量

食用色素（黄）……………适量

准备工序

栗子切成5mm左右的碎块。

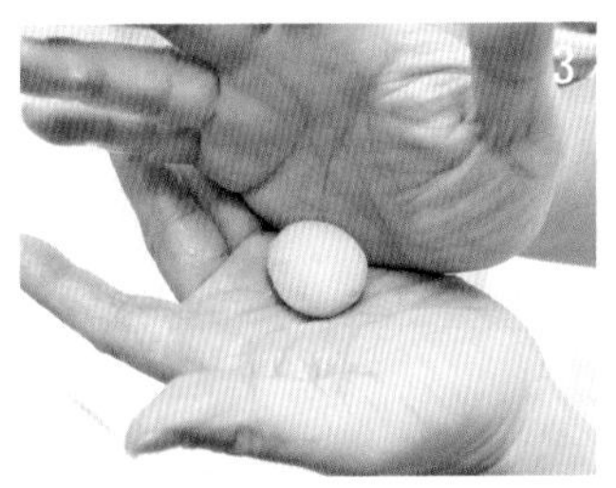

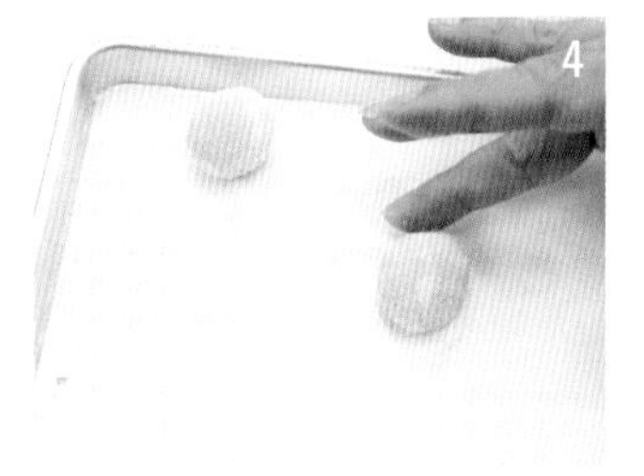

制作方法

1 白色豆沙馅、精制白砂糖、糖稀、水加入锅中，中火加热。然后用橡胶刮刀慢慢搅拌。

2 起锅前滴入几滴食用色素（黄色）和切碎的栗子，混合。

3 趁热在手心揉成丸子，每个18g。

☞ 糖馅自身的热量容易将表面烘干。

4 方盘内撒上精制白砂糖（分量外），丸子放入其中，来回滚动。

制作要点

处理含糖较多的面馅时，如果搅拌次数过多，糖分易再次结晶，粘到刮刀上。因此需要留心搅拌的次数，不宜太多。

❁故乡饼［小麦粉］

令人怀念的浅茶色日式小饼。面团中加入了糯米粉，口感劲道。而白色豆沙馅中混入了土豆，让面馅品尝起来更松软。

材料（10个的用量）

［面团］

低筋面粉……………………… 90g
干磨糯米粉…………………… 10g
肉桂粉…………………………少许
绵白糖………………………… 80g
水……………………………28ml
小苏打…………………………3g
酱油……………………………3g
单晶蔗糖……………………… 30g
大纳言蜜豆…………10个的用量

［内馅］

土豆………………………… 140g
食盐…………………………少许
白色豆沙馅……………… 280g
水…28ml（白色豆沙馅的10%）

成品重量

- 60g（面团20g、馅团40g）
- 内馅：土豆馅

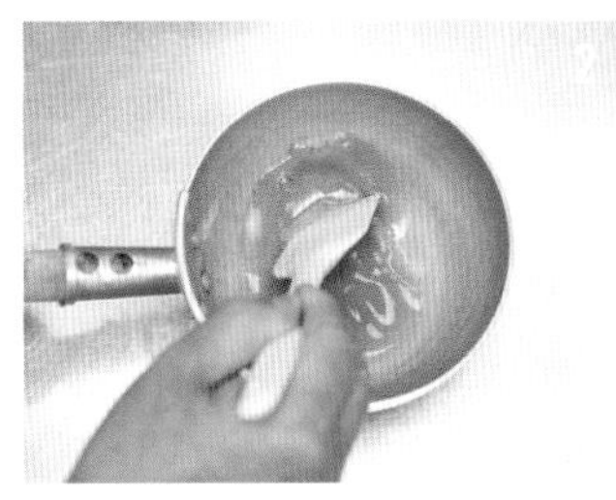

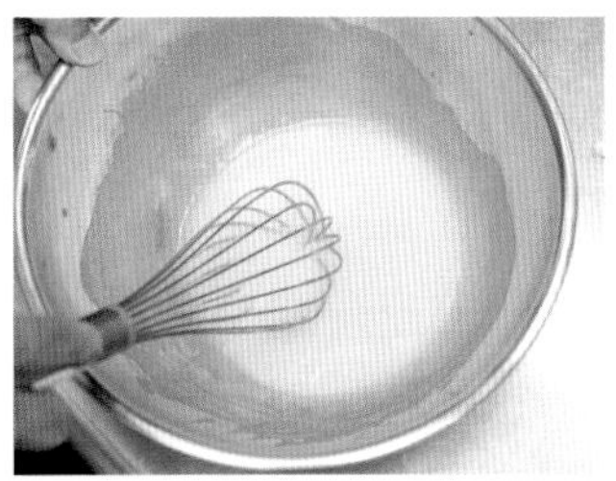

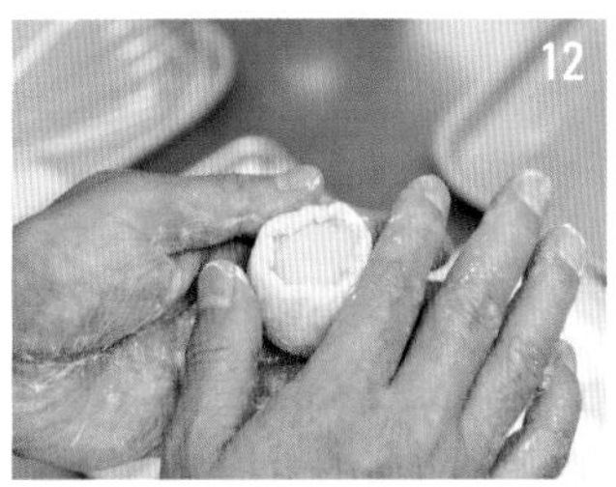

制作方法

［面团］

1 绵白糖和水倒入锅中，开火加热，用橡胶刮刀搅拌混合。

2 再添加酱油、水溶小苏打，继续搅拌。

3 加入单晶蔗糖，混匀后倒入碗中。

4 低筋面粉、糯米粉、肉桂搅匀，加入步骤3中，然后用木刮刀或橡胶刮刀迅速混合。

5 敷上保鲜膜，放置1小时。

［土豆馅］

6 用水清洗土豆，去皮后切成1~2cm的块状。

7 将步骤6和足量的水倒入锅中，煮开后调至中火，慢慢将土豆煮透心，绵软。

8 趁热倒入笸箩中，散上盐。

9 之前在白色豆沙馅中加入10%的水，事先加热。

10 确认软硬度，搅拌混合的同时注意无需将土豆捣碎。

［完成］

11 两手涂抹低筋面粉，将面粉分成小块，每块20g。

12 面团揉圆压平，包住40g的馅团，制作成中间凸出的圆形。

13 蒸锅中铺上一张烘焙纸，糕团中央放上1颗大纳言蜜豆，蒸12分钟左右。

栗子蒸羊羹［红豆馅］

蒸羊羹是镰仓、室町时代的茶汤点心（正餐之间的零食），随着时间的推移，慢慢被人们熟知。一眼看起来比较复杂，但制作过程中没有选用寒天，采用蒸制冷固的方法。所以，只需用面馅和甘露煮栗子就可以完成。

材料（模具 13.5cm×15cm）

红豆馅…………………… 580g
低筋面粉…………………… 58g
食盐……………………… 少许
太白粉（或者葛粉）…………2g
绵白糖…………………… 55g
热水…………………… 115ml
栗子（甘露煮）………… 115g

［艳天］（适量）

寒天粉……………………3g
水…………………… 150ml
精制白砂糖……………… 150g

准备工序

・事先将甘露煮栗子的蜜块切好。
・提前制作好艳天。
① 寒天粉倒入锅内，加水后开火。
② 沸腾后再加入白砂糖，溶解后关火。

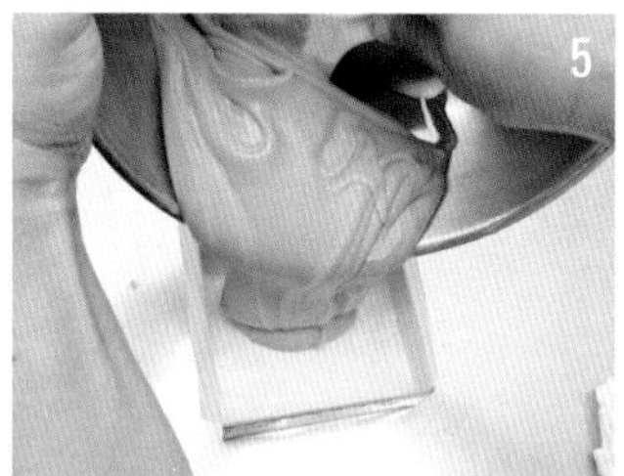

制作方法

1 面馅分成小块放入碗内，加入小麦粉后用手混匀，充分揉出黏性。

2 加入绵白糖，揉匀。

3 接着再加入水溶食盐、太白粉，混合。

☞ 太白粉（或者葛粉）可避免糕团粘牙，若使用过量易导致硬化。

4 慢慢加入少量的热水，调整软硬度。根据面馅的软硬程度酌情调整热水的量，切勿一下子完全加完。

☞ 一般用力摇晃碗时，碗内的面团能散开平铺，面团的软硬度如此即可。当然也可以按个人的喜好调整。

5 再倒入铺好烘焙纸的模具中，用刮刀抹平，防止出现蒸汽水，接着放入蒸锅中蒸50分钟

☞ 面团表面容易出现蒸汽水，可以在上面盖一层纸。

6 用刮刀除去表面的黏液，栗子一分为二，排列放好。

7 置于背阴无风处冷却，最后用毛刷涂上艳天，切块。

☞ 通常要等羊羹充分凝固，第二天才会切块。

分量说明

一般面粉占面馅的10%。需要偏硬的面馅时，可选用高筋面粉制作。
绵白糖的含量大约是10%，过多容易黏连。

制作要点

添加小麦粉和砂糖的顺序会影响到口感，因此要特别注意。先添加面粉，待揉出黏性后再加入砂糖。

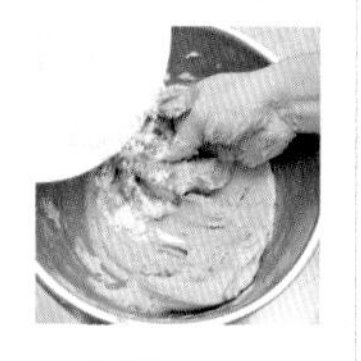

∷地瓜豆沙糕［甘薯］

小麦粉与水揉匀后制作出一层薄薄的表皮，每个面都经过烘烤的红豆糕。地瓜红豆糕采用的是地瓜羊羹，加入寒天和明胶可以调整糕团的口感。但甘薯中富含的淀粉质也有凝固的作用。

材料（模具 13.5cm×15cm）

［地瓜羊羹］

甘薯…………………… 665g

白色豆沙馅……………… 400g

精制白砂糖……………… 200g

食盐……………………… 少许

橙黄色食用色素………… 适量

［表皮］

红豆沙馅………………… 30g

低筋面粉………………… 35g

干磨糯米粉……………… 10g

水………………………… 65ml

制作方法

1 甘薯洗净去皮，切成圆块，放到蒸锅中蒸15~20分钟，透心柔软，再用筛子和纱布捣碎成泥。

2 趁热滤干，放到纱布揉成一团后移到碗内，加入白色豆沙馅、精制白砂糖、食盐、橙黄色色素，用手混合。

3 再放到蒸锅内蒸15分钟。

☞ 此时甘薯已经冷却，再度加热后面团更柔软蓬松。

4 注入到模具中，不要留有缝隙，表面压平，常温下冷却凝固。凝固后取出模具，用刀切块。

5 制作表皮。低筋面粉、糯米粉倒入碗中，用打泡器搅匀，慢慢加入水，充分混合至透出光泽。

6 加入剩余的水和红豆沙馅，搅拌均匀后放置30分钟。

7 用步骤4的地瓜羊羹沾取步骤6的混合物，在放到180~200℃的烤盘中将6个面烘烤，按照正面、反面、侧面的顺序。

8 用剪刀将边角修剪整齐，放到网格板上，冷却。

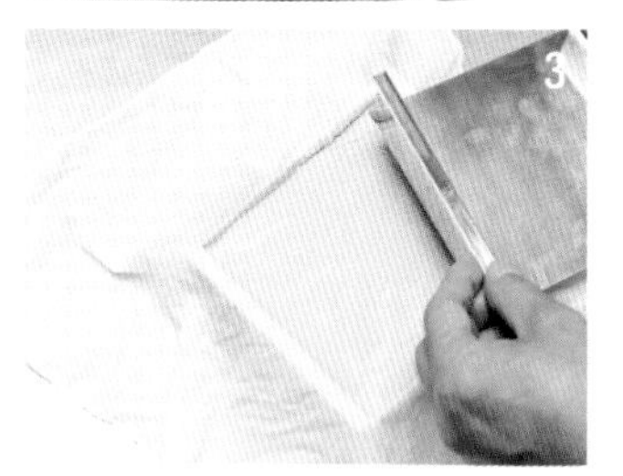

制作要点

烘烤时无非是来回反面，因此可以烘烤4~5个，提高效率。

秋色［半雪平］

用鲜艳的橙色圆形羊羹面团包住半雪平的小饼，表现出秋意盎然的“柿子”。绵软的糯米面团和柔和的羊羹碰撞出不可意思的食感，茶席点心的最佳选择，强烈推荐。

材料（18 个的用量）

［半雪平］

水磨糯米粉……………………35g

水……………………………70g

绵白糖………………………60g

蛋清…………………………10g

糖稀…………………………10g

［柿子馅］

白色豆沙馅………………350g

柿子酱………………………50g

［羊羹］

寒天粉………………………3g

水…………………………150ml

精制白砂糖………………140g

白色豆沙馅………………240g

糖稀…………………………10g

使用色素（红色、黄色、绿色）

………………………………适量

艳天…适量（制作方法参照P80）

茶梗…………………………适量

成品重量

・30g（面团10、内馅20g）

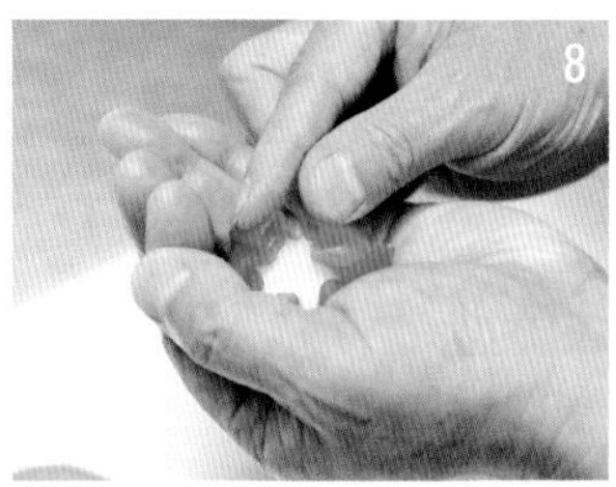

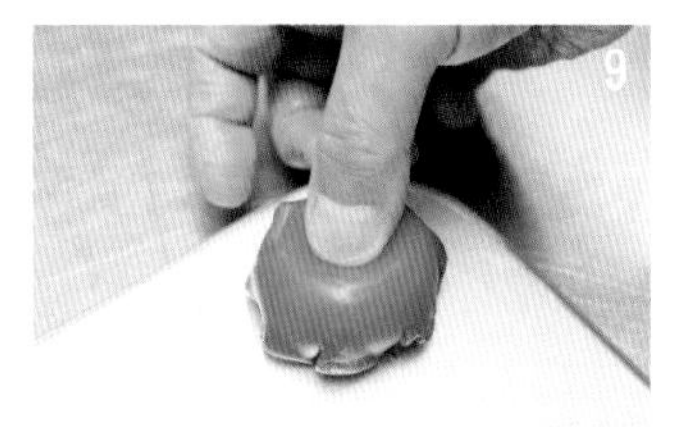

制作方法

1 白色豆沙馅和柿子酱倒入碗中，搅拌，再制作成20g的馅团。

2 参照花瓣饼（P102~P103）的方法搅拌半雪平。

3 面团分成小块，各10g，包住步骤1的馅团，散上面粉。

4 将寒天粉和水放入锅中，加热。寒天粉溶化后再添加砂糖。沸腾后加入面馅碎块，再倒入糖稀，搅拌均匀，使羊羹更柔软。

5 留出少量的混合液，其余部分掺入红色和黄色的食用色素，着柿子色。之前留出的部分着绿色。

6 用橙色的羊羹黄铜刀或大勺取适量混合液放到铝制的面板上，摊成直径9cm的圆形。

7 凝固后，再将步骤3的半雪平放到中心，用手掌压平。

8 从顶端揭起羊羹，放到掌心，揉圆。

9 接口处置于下方，中央用大拇指轻轻压出凹痕。

10 涂上艳天，绿色羊羹制作而成的柿子蒂放到凹痕处，中心再插上茶梗。

制作要点	要注意掌握混合羊羹的软硬度。太硬容易裂开，太软又不利于塑形。

⁘ 香甜薯泥［甘薯］

用蜜汁甘薯和黑芝麻将西点中的香甜土豆泥重新演绎出日式风格。另外还加入了杏仁粉，让薯泥更具风味和特色。

材料（直径5cm的纸杯，16个的用量）

甘薯（连皮）…………… 400g
绵白糖……………………… 20g
无盐黄油…………………… 60g
精制白砂糖………………… 70g
糖稀………………………… 15g
杏仁粉……………………… 25g
蛋黄………………… 3个的用量
白兰地…………………… 1大勺
蜜汁甘薯………………… 300g
生奶油……………………80ml
牛奶（调整软硬度用）…约40ml
蛋黄（上光用）…… 1个的用量
黑芝麻……………………… 适量
※ 纸质纸杯和锡箔纸杯均可。

准备工序

- 制作蜜汁甘薯。甘薯连皮切成1cm的块状，需制作含糖量40%的甘薯，按此比例加入砂糖和水煮软。

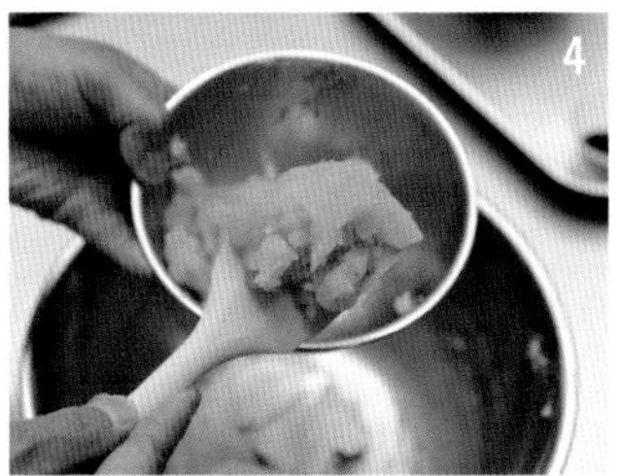

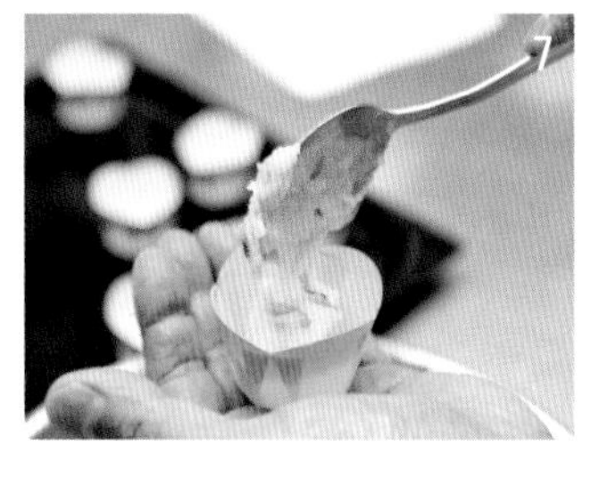

制作方法

1 甘薯去皮后切碎，煮透心。放入碗中，用研磨棒捣碎，加入绵白糖后用木刮刀搅拌均匀。

2 另取一个碗，放入黄油，用木刮刀搅拌成奶油状，之后加入精制白砂糖，混匀。

3 加水混匀。

4 再加入步骤1的甘薯馅、杏仁粉，继续搅拌。将蜜汁甘薯切成1cm的方块，放入其中。

5 生奶油用打泡器打至5~7分程度，加入其中，轻轻搅拌。

☞ 步骤4的面团如果较硬，生奶油无需打泡，直接加入即可。

☞ 生奶油打泡至5分：

提拉时成黏糊状，掉落时奶油印迹马上消失的状态。

生奶油打泡至7分：

提拉时成黏糊状，可堆积成型，会留下印迹的状态。

6 面团过硬的话可以加入牛奶调节软硬度。

7 用勺将面团舀到杯子的7分刻度线处。

☞ 注意纸杯周围不能粘到面团，否则容易焦糊。

8 蛋黄打散，用毛刷涂到表面，中心散上黑芝麻，在210℃的烤箱中烤15~20分钟。

制作要点	烘烤的时间取决于纸杯的大小。蜜汁甘薯趁热吃的话还能出现漂亮的拔丝效果。

秋姿［红豆馅］

栗子蒸羊羹和山药糕组合的秋意日式果子。栗子羊羹部分代表大地，山药糕的白色部分则代表雪花纷飞的冬季景象，粉色部分则是樱花盛开的春意盎然。

材料（模具 13.5cm × 15cm）

［栗子蒸羊羹］

红豆沙馅…………………… 150g
白色豆沙…………………… 180g
低筋面粉……………………… 30g
干磨糯米粉………………………5g
葛粉………………………………5g
栗子蜜（甘露煮栗子的汤汁）
………………………………70ml
水………………………… 调整用
食盐………………………… 少许
栗子（甘露煮）…………… 70g

［山药糕］

日本大和芋（研泥）……… 30g
精制白砂糖……………… 100g
水……………………………60ml
煮红豆（市售）………… 100g
上新粉……………………… 80g

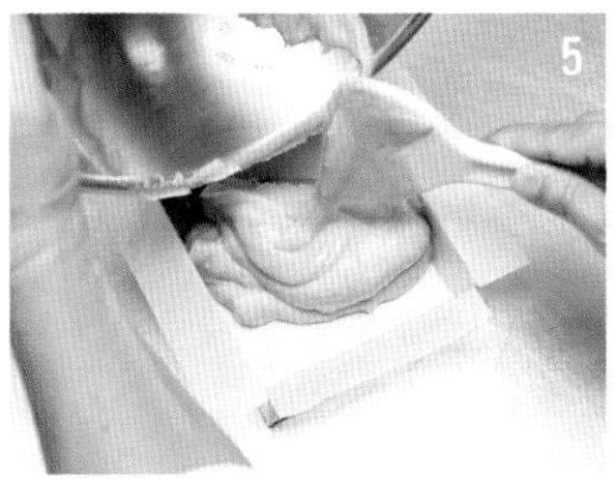

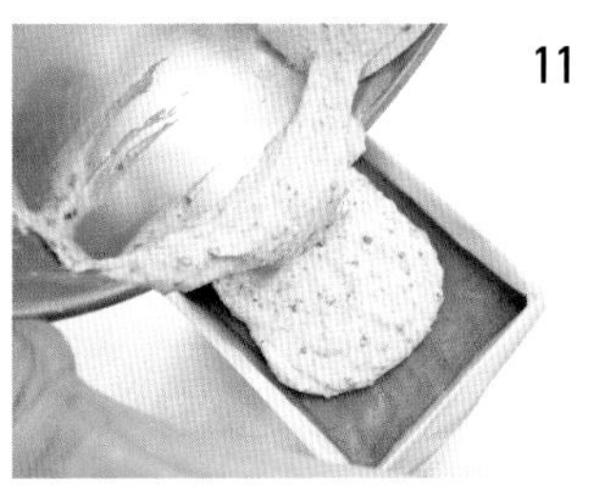

制作方法

［栗子蒸羊羹］

1 面馅与各类粉混合，用手充分揉匀。

☞ 先加入粉类，将面团揉劲道。

2 栗蜜加热，加入其中再揉匀。

☞ 小麦粉加热后更具黏性。

3 加入水溶葛粉、食盐，混合。

4 先将栗子加热，去除蜜汁，再切成碎块，加入混合物中。

5 倒入事先准备好的模具中，抹平。

6 放入蒸锅中，用小火蒸30分钟。

7 蒸好后，用刮刀抹去表面的黏液。

［山药糕面团］

8 将精制白砂糖一点点慢慢加入日本大和芋研泥中，再用擀面杖充分混合。

9 慢慢加水，用手揉匀的同时与空气充分接触。

10 将煮红豆切碎，再混入其中，揉匀。

11 慢慢加入上新粉，充分混合后再将混合物加到步骤7的蒸羊羹上，用力磕碰模具，挤出空气。

12 放入蒸锅中，用中火蒸30分钟。

13 冷却后从模型中取出，切成易入口的大小。

制作要点

山药糕面团与空气充分接触后会膨胀，变得蓬松柔软。

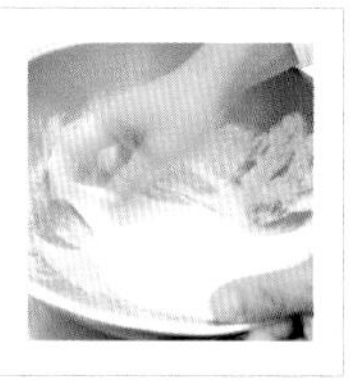

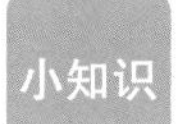

山药糕是鹿儿岛的特产。关于山药糕的记录，最早出现在岛津家第20代传人岛津纲贵庆祝五十岁大寿时，其作为祝寿之物。据记载，山药糕是婚礼、新年等重要庆祝活动中常用的点心。

⁘ 黄米糕 [糯粟米]

据说是江户时代繁华闹市的人气果子，尤其是在江户的目黑和京都的北野天满宫门前，人们慕名而来。如今粟米的产量减少，很少可以买到。撒上黄豆面更美味可口。

材料（10个的用量）

糯粟米…………………… 100g
热水……………………… 60g
绵白糖…………………… 50g
食用色素（黄色）………… 适量
内馅……………………… 200g
[艳天]（适量）
寒天粉……………………3g
水……………………… 150ml
精制白砂糖……………… 150g

成品重量

- 45g（面团27g、内馅18g）
- 内馅：粒馅

准备工序

- 粒馅10等分后制作馅团。
- 制作艳天。

① 将寒天粉、水倒入锅中，开火加热。
② 沸腾后再加精制白砂糖，溶解。
③ 关火，加入糖稀，用余热溶解。

制作方法

1 提前两天将糯粟米洗净，浸泡（每天换水）。或者提前一天将其浸泡在70℃的热水中。

2 在最后一次浸泡时加入食用色素，进行着色。

3 开始制作前，先用水清洗，再滤干水分。

4 蒸锅铺上纱布，将步骤3倒入锅内，蒸20分钟。

5 蒸汽降温后移到锅或碗中，加入热水混合。敷上保鲜膜，蒸10分钟。

☞ 加入热水，口感更粘糯。

6 再移到蒸锅中，蒸20分钟。

☞ 经过两次蒸制的粟米更柔软。

7 移到碗内，加入绵白糖，用木刮刀混匀。

8 敷上保鲜膜，蒸30分钟。

9 冷却后放入冰箱，冷藏一夜。

10 在蒸锅中铺上纱布，再将粟米蒸10~15分钟。

11 两手涂上艳天，将粟米分成小块，每块27g，包住馅团。

12 揉成椭圆形，放到铺好塑料膜的面板上。

制作要点	用艳天制作被膜，防止糕团与空气接触后变硬。 艳天是指让和果子富有光泽，且具有防干燥作用的被膜。可以用做手蜜，也可以用毛刷涂在和果子表面。需加热使用。

专栏 3

和果子与日本的年事记

一年分为二十四个区间，也称为“二十四节气”。除了节气以外，我们还会挑选一些主要的日本节日，结合本书中的四季和果子，一并向大家介绍。不过，节气是依照阴历计算，无固定的日期参照。

一月

元旦 新年的第一天。
花瓣饼、仙鹤、万两

小寒 1月5日左右，开始“进入寒冷季节”。与大寒对应的一整月称为“数九”。
椿饼

大寒 1月20日左右，一年中最冷的时候。
吹雪馒头、水仙

二月

节分 立春的前一天。

立春 2月4日左右。从日历上看意味着春天来临，农历中立春是一年的开始。
莺饼

雨水 2月19日左右。由雪转雨，积雪融化的时节。
红梅

三月

惊蛰 3月6日左右。冬眠的花鸟鱼虫们开始苏醒。
引千切、油菜花

春分 3月21日左右。这时昼夜基本等长。
黄味牡丹

四月

清明 4月5日左右。充满勃勃生机，赏花的季节。

谷雨 4月20日左右。春雨淅沥，滋润了农作物。
樱馒头、樱饼、御手洗丸子

五月

端午 5月5日左右。端午挂菖蒲具有辟邪的作用，也是男孩节。
柏饼、草饼

立夏 5月6日左右。从日历上看，由此转入夏天。
残月、紫藤花、调布、富贵草

小满 5月21日左右。阳光越来越强烈，草木生长旺盛的季节。
残月、枇杷

六月

芒种 6月6日左右。播种芒类（有芒穗的谷类作物）的时节，插秧的时节。
紫阳花、霙羹

夏至 6月21日左右。北半球昼最长的一天，日历上夏天的中点。
蕨菜糕、白玉善哉

夏越祓 6月30日，祈求减轻自己的罪孽，佩戴茅草环。
水无月

七月

小暑 7月7日左右。暑气渐强，小暑与大暑对应的一整月称为“三伏”。
葛馒头

大暑
7月23日左右。最炎热的时候，接近暑伏期间的丑日，防止中暑。
心太、牵牛花

八月

立秋 8月7日，暑气还有残余，从日历上季节进入秋天。

处暑 8月23日左右。暑气散尽，早晚已有初秋的凉意。
水果啫喱、水羊羹

九月

白露 9月8日左右，渐渐进入深秋。清晨，花花草草开始结露。
秋色、香甜薯泥、地瓜豆沙糕

秋分 9月23日左右。此日之后昼渐短，夜渐长。
萩饼

十月

寒露 10月8日左右。草木开始凝结白色露珠，深秋时节。
栗子金团、栗子蒸羊羹

霜降 清晨开始下霜的时候，漫山红叶。
红叶、故乡饼

十一月

立冬 11月7日左右。从日历上看，自这天开始至立春的前一天都称为冬天。草木开始枯黄，冬天来临。
秋姿

小雪 树叶凋零，初雪时节。
山茶花、黄米糕

十二月

大雪 雪花纷飞的时节，寒冬来临。
柚子馒头

冬至 12月21日左右。北半球进入一年当中昼最短的日子。之后夜晚的时间渐渐减短。
・圣诞
驯鹿、银杉

大晦日 一年的终点，吃跨年荞麦。
荞麦饼

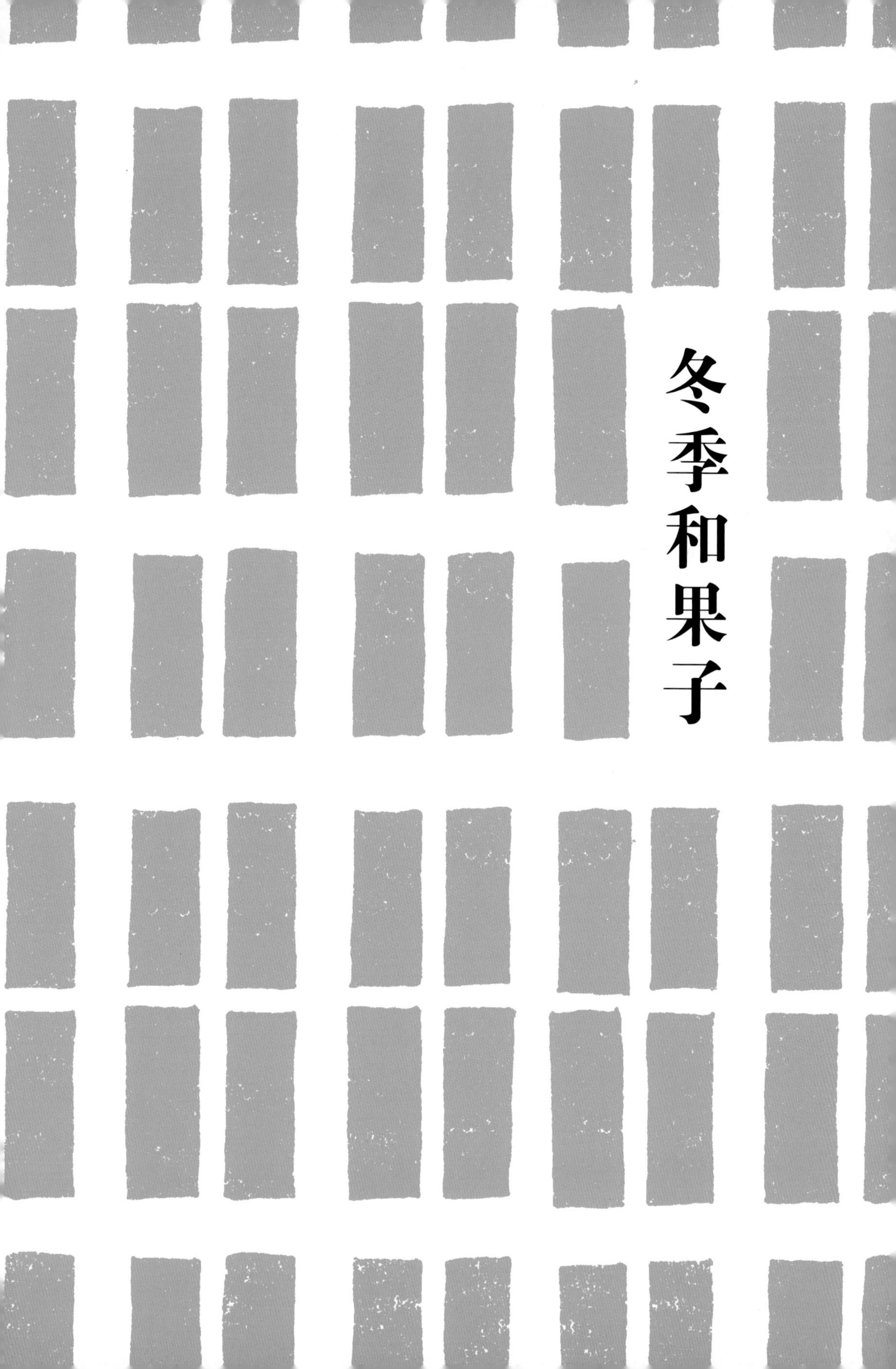

冬季和果子

寒红梅［练切］

宛如刺骨寒风中傲然绽放的红梅。让人眼前一亮的红色，给人一种和果子独有的精致感。凹凸错落拼接，将层层花瓣表现得淋漓尽致。

材料（16个的用量）

白色豆沙馅……………………500g
水……………………………… 适量
水磨糯米粉（高筋粉）…… 15g
水……………………………30ml
糖稀………………………… 20g
食用色素（红色、黄色） 各适量
[内馅]
红豆馅………………………250g
糖稀………………………… 30g

成品重量

- 43g（红色面团18g、白色面团10g、内馅15g）

准备工序

① 红豆馅放入单柄锅中，开火加热。
② 水分烤干后加入糖稀，搅拌。软硬度与面馅一致。
③ 分成小块，每块15g，制作馅团。

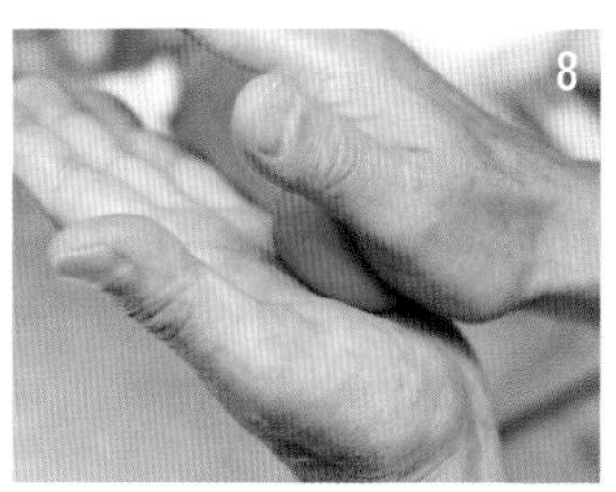

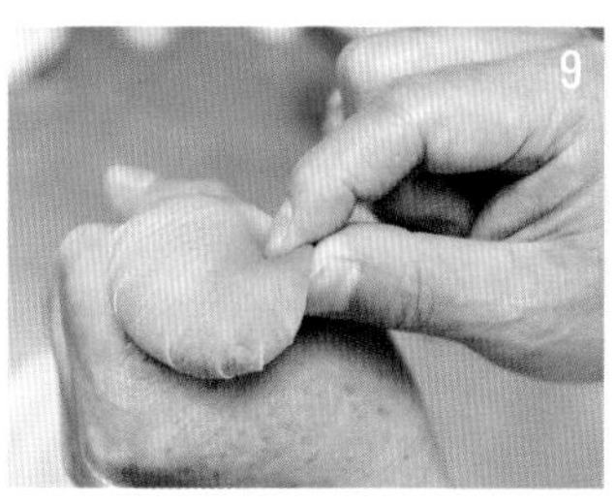

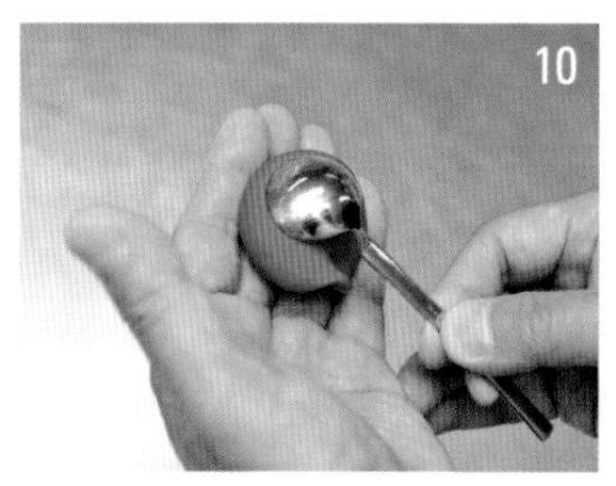

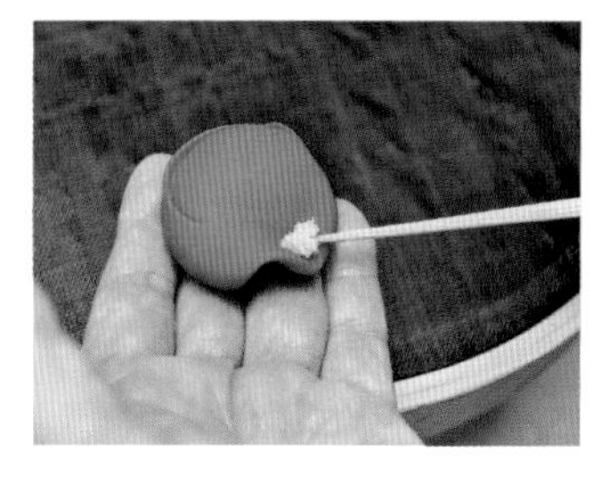

制作方法

[练切馅]

1 将精制白砂糖和水加入洗干净的锅里，开火加热至沸腾。

2 放入白色豆沙馅，用高火炙烤，但不能烤焦。

3 与此同时，将用水溶解好的糯米粉加入锅中，继续搅拌。

4 待面馅水分蒸干后加入糖稀，完全溶解后取出放到纱布或方盘上。

5 分成小块冷却后推揉2~3次。

☞ 分成小块可以尽快地降温冷却。

※关于推揉的方法请参照P21。

[红梅造型]

6 练切面团2等分，留出一块白色面团，另一块则按照图示方法着红色。

7 红色的面团揉圆压平，白色面团做衬里（贴到反面），再包住面馅。

8 揉成圆形后，用大拇指的指根斜着压按。

9 用拧干的纱布包住，顶端用手指捏紧。

10 用茶勺压出2片花瓣。再加上黄色的花蕊。

制作要点	衬里是指贴上白色面团，遮住红豆的颜色，让和果子颜色更明亮的精妙手法。

水仙［外郎］

无论寒冬多么凛冽，水仙仍旧在雪中盛开，宣告春天来临。外郎与黄馅的标准搭配，突出黄馅的通透美感。劲道的食感与浓厚的黄馅相得益彰。

材料（18个用量）

［外郎面团］

薯蓣粉……………………… 70g
干磨糯米粉………………… 20g
精粉………………………… 10g
绵白糖……………………… 130g
水…………………………… 130g

[内馅]

白色豆沙馅………………… 400g
冷水………………………… 20g
精制白砂糖………………… 30g
蛋黄………………………… 4个
糖稀………………………… 20g
食用色素（黄色）………… 适量

成品重量

- 45g（面团20g、内馅24g、花蕊1g）
- 内馅：黄馅

准备工序

- 制作黄馅。鸡蛋煮熟后取出蛋黄，捣碎后加入白色豆沙馅、水、精制白砂糖、糖稀，混匀。然后再开火加热搅拌。
- 黄馅18等分后制作馅团。

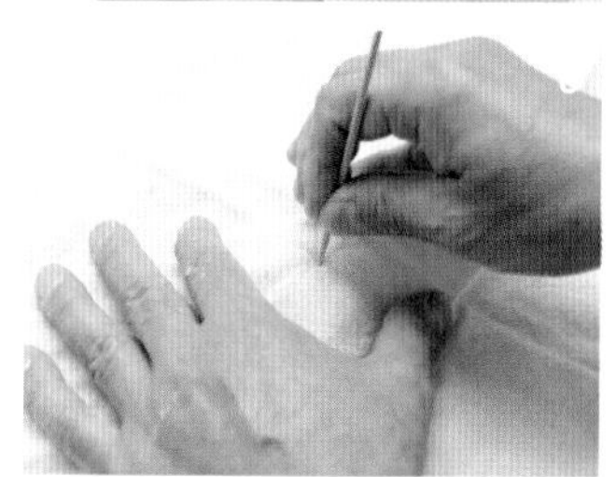

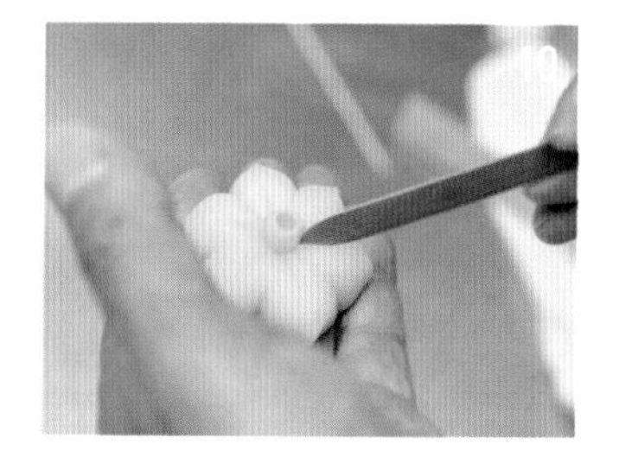

制作方法

［外郎面团］

1 各类粉和绵白糖一起筛滤到碗内，加水后再用打泡器轻轻地搅拌。

2 步骤1的面团注入到器皿中，再放入蒸锅清蒸20~25分钟。

3 蒸好后再将面团移到碗内，用木刮刀混合。

4 搅拌均匀后放到保鲜膜上，再放入冰箱中冷藏30分钟左右。

5 再蒸10分钟左右。如果面团偏硬，可以加入少许蜜汁（分量外）进行调整。

6 趁外郎面团仍有余热时，将其分成小块，每块20g。捏圆压平后包住馅团。

☞ 需保持内馅的黄色完整，因而尽量不要揉，避免渗入空气。

7 用毛刷涂上太白粉（分量外），再用三角刮刀压出6片花瓣的轮廓。顶端修整成花瓣尖的样子。

8 盖上纱布，用竹签在中央压按出凹痕。

9 再用竹签或其他工具在花蕊周围由内向外刻出短小的痕迹。

10 染好色的练切馅放到中央的黄色凹痕处，完成。

制作要点1 太白粉有去除外郎光泽的作用。暗淡一些反而更加逼真，突出水仙的素雅淡然。

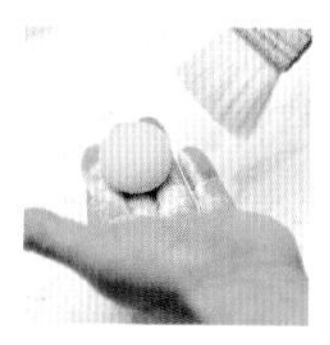

制作要点2 若要糕团富有光泽，可以在成形后再蒸1~2分钟，接着拼接花蕊即可。

仙鹤［雪平］

象征吉祥的仙鹤，蕴含着长寿的祈愿。红色的练切馅头顶、肉桂粉雕琢的喙，栩栩如生。寓意深刻的和果子象征新年伊始最诚挚的祝福。

材料（14个的用量）

［雪平］

水磨糯米粉……………………50g

水………………………………90ml

精制白砂糖……………………100g

蛋清……………………………15g

白豆沙馅………………………75g

内馅……………………………400g

［装饰］

肉桂粉…………………………适量

黑芝麻…………………………适量

练切馅（红色）………………适量

成品重量

- 42g（面团15g、内馅27g）
- 内馅：白色豆沙馅

准备工序

面团制作14个。

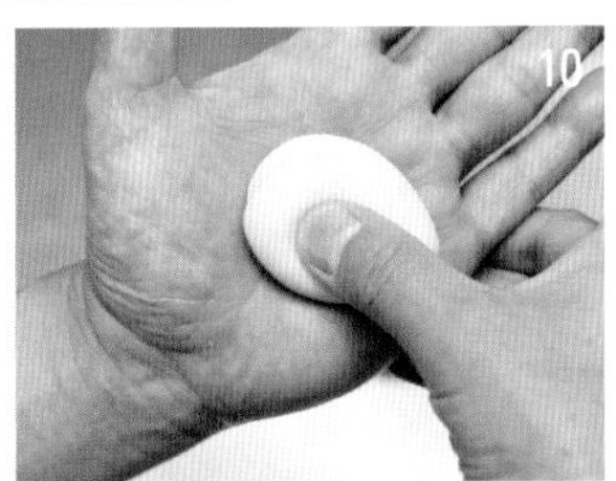

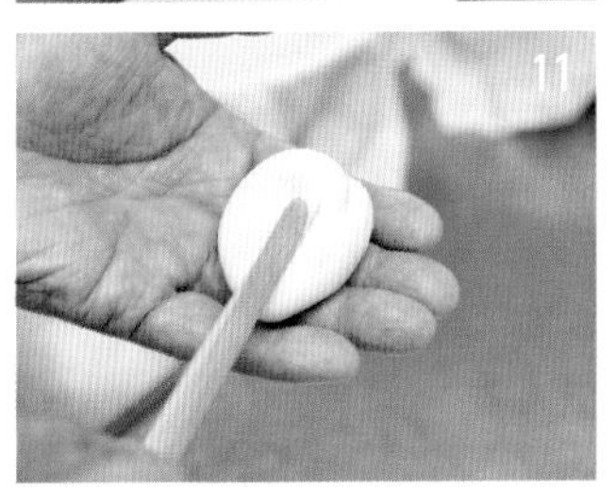

制作方法

［雪平］

1 糯米粉和水加入锅中，用手混匀，避免结块。

2 中火加热，用木刮刀搅拌5分钟，使混合物细腻柔滑。

3 混合物变黏稠后分3次加入精制白砂糖，继续搅拌至溶解。

☞ 一次性加入所有砂糖容易导致糖分与混合物分离。

4 加入蛋清，迅速搅拌锅底，使下方的混合物充分接触空气。

5 添加白色豆沙馅，继续混合。加入面馅后随即失去透明感，糯米的黏性减弱，更容易塑形。

6 加水的同时调整面团的软硬度，再放到散满太白粉的方盘中，冷却。

7 两手抹上手粉，将面团揉成一块，再往内侧折叠，将表面修整匀滑，分成小块，每块15g。

［仙鹤造型］

8 挤压空气，包住馅团，捏成鸡蛋形，顶端收缩。

9 用大拇指的根部压平面团，按照图示方法从面团较粗一侧开始，用刮刀刻出仙鹤的颈部。

10 刻痕的内侧用大拇指压出凹槽。

11 刮刀粘上肉桂粉，描绘出喙。尾巴上也涂上肉桂粉。

12 用黑芝麻做眼睛，红色的练切馅拼接到头顶。

万两［黄味馅］

光泽的红色果实和绿色形成鲜明的对比，“万两”让人联想到财富，因此也是正月时讨好兆头的信物。黄馅采用红色与绿色搭配。

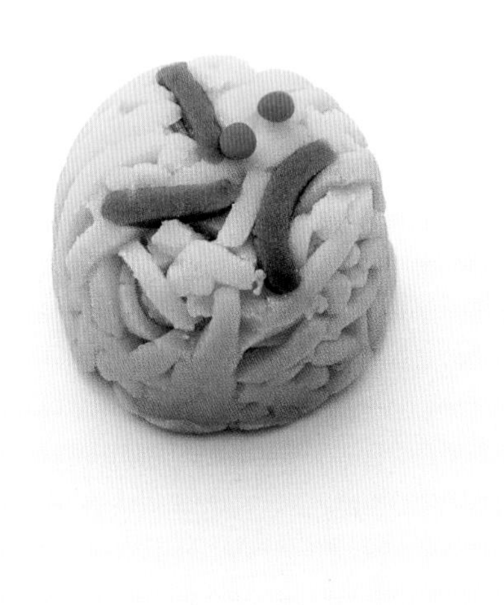

材料（12个的用量）

［黄味馅］

白色豆沙馅…………………… 300g

水……………………………… 30ml

精制白砂糖…………………… 25g

蛋黄………………… 3个的用量

食用色素（红色、黄色、绿色）

……………………………… 各适量

内馅…………………………… 150g

成品重量

- 42g（黄馅30g、内馅12g）
- 内馅：红豆馅

准备材料

- 红豆馅12等分后制作馅团。
- 木模具先浸泡到水中。

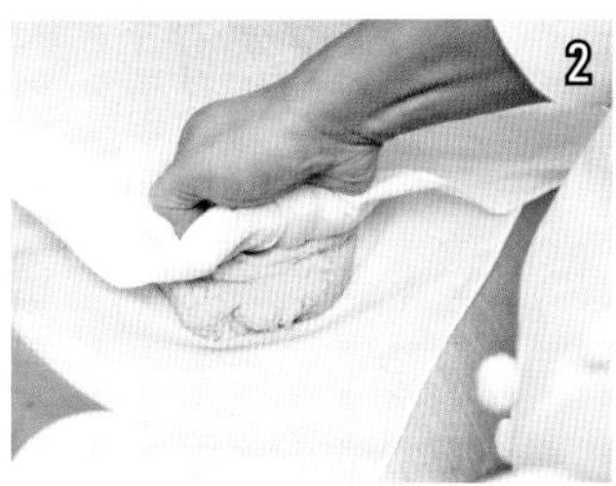

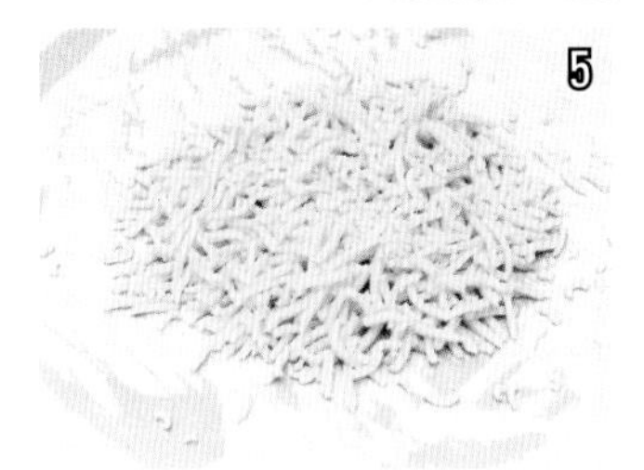

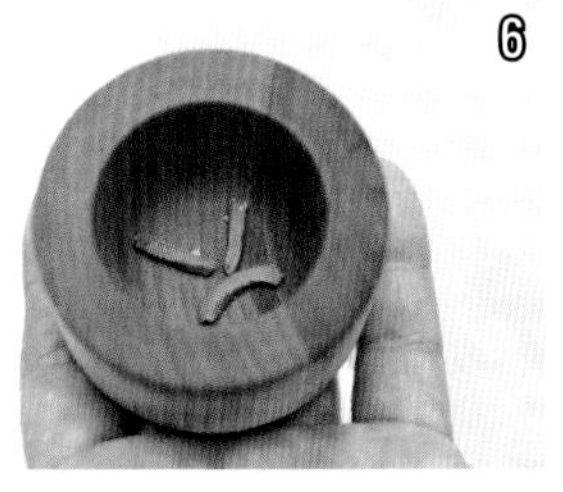

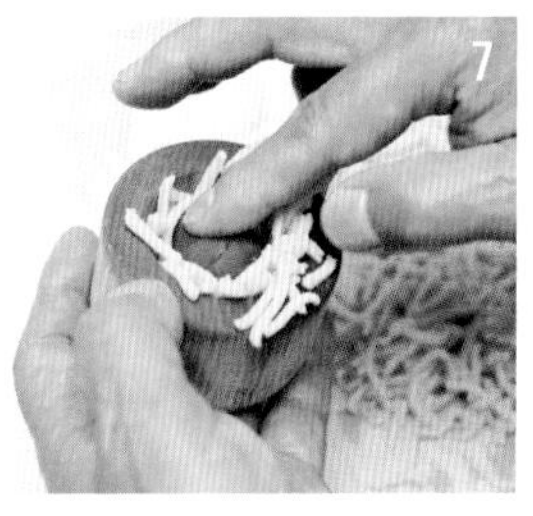

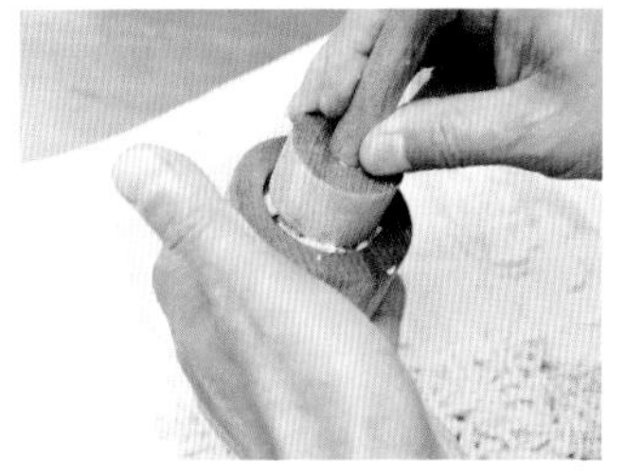

制作方法

1 鸡蛋煮熟后取出蛋黄，用滤网研泥过滤。

2 放到纱布上，用手揉捏，再加入白色豆沙馅，继续揉捏。

3 将步骤2、水、精制白砂糖倒入锅中，开中火加热。水分蒸干后用木刮刀搅拌。

4 从纱布中取出，分成小块，冷却。

5 取少量的面团着红色与绿色。绿色的黄馅和剩余的黄馅用滤网过滤，红色的黄馅分成2mm大小碎块，揉圆。

6 钵盂型的木模具中加入2~3根绿色的黄馅碎屑，再继续加入其他黄馅，用手指轻轻压紧。

☞ 可以用直径4cm的酒杯代替钵盂。

7 加上馅团，再放入其他黄馅碎屑，用推杆压平、压实。放到手掌压紧也可。

8 最后放上红色的黄馅。

制作要点1	鸡蛋煮得时间过长会由黄色变成绿色，因此中等大小的鸡蛋煮12分钟，稍大的鸡蛋煮15分钟即可。

制作要点2	蛋黄研泥被风干的话，与面馅混合时蛋黄容易结块，因此需尽早与面馅混合。

⁘ 花瓣糕 ［半雪平］

据说，正月时宫中都用此传统的糯米果子代替烩年糕。将看起来像京都烩年糕的白味噌馅和甜味煮牛蒡用半雪平包好，粉中带点玫红的面团雅致细腻。

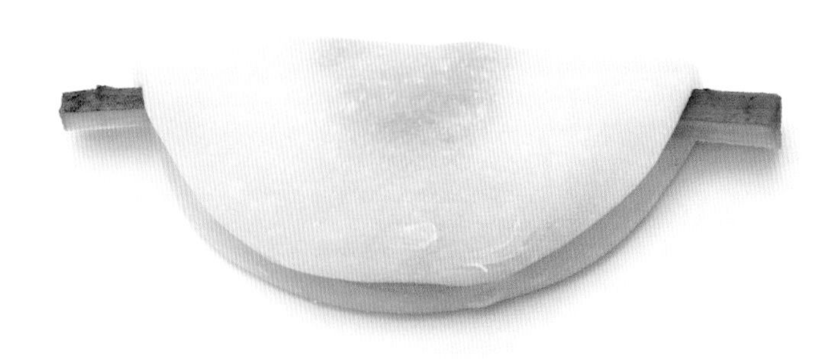

材料（约 15 个的用量）

水磨糯米粉……………………150g
水………………………………250g
精制白砂糖……………………250g
糖稀……………………………50g
蛋清……………………………25g
食用色素（红色）…………适量
［内馅］
白色豆沙馅……………………300g
白味噌…………………………15g
牛蒡……………………………1根

成品重量

- 白色面团35g（直径9cm）
- 红色面团5g
- 内馅：味噌馅20g
- 蜜汁煮牛蒡1片

准备工序

- 馅团切成横长形。

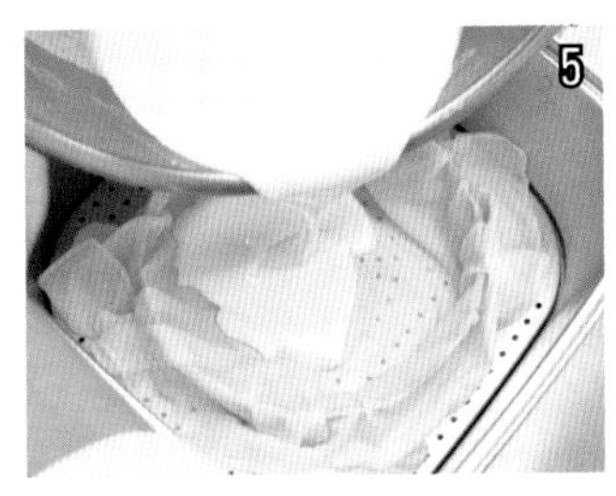

8

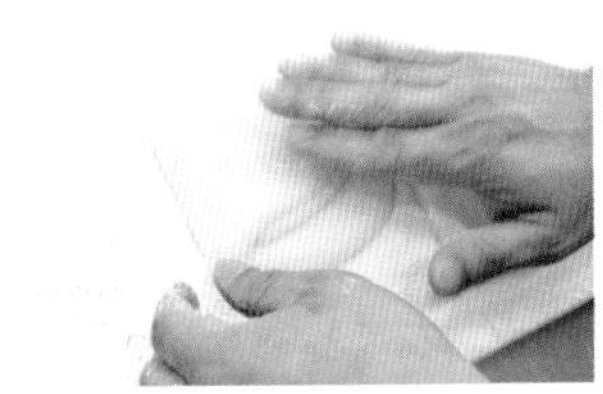

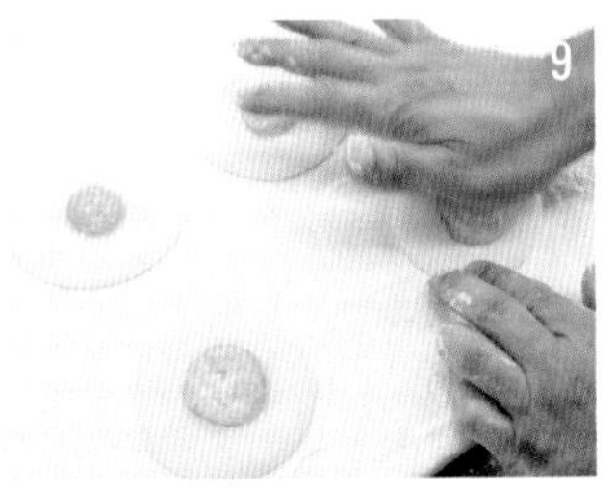

制作方法

［蜜汁煮牛蒡］

1 牛蒡用水洗干净，切成10~12cm，再用淡醋水浸泡5~10分钟，去除涩味。

2 开火煮两次，进一步取出涩味。

3 煮软后用蜜汁浸泡5小时以上，再细细地切碎。

［半雪平］

4 糯米粉倒入碗中，慢慢加水，用手揉匀。

5 蒸锅中放上拧干的纱布，再放上耐热的器皿，注入步骤4，蒸15分钟。蒸好后移到锅中，用小火加热，再用木刮刀搅拌。变成糊状后分3次加入精制白砂糖，用木刮刀搅拌混匀。加入糖稀后继续搅拌。

6 变色后关火，加入蛋清，继续搅拌。之后再打开火，同时慢慢搅拌成半雪平。

☞ 加入蛋清后透明感消失，糯米中渗入空气后更加蓬松。搅拌柔软至可用牙签（吃和果子的牙签）切分的程度。

7 取1/10的量，着红色。

8 放到撒有太白粉的操作台上，白色面团分成35g一块，红色面团分成5g一块，双手涂上手粉，压平。

9 红色面团置于白色面团中心，用手掌压平。

10 用毛刷涂上多余的面粉，放上1根蜜汁牛蒡和馅团，边缘用笔蘸取牛蒡的蜜汁，对折合拢。

制作要点	用于浸泡牛蒡的蜜汁中，砂糖与水的含量相同（含糖量50%），按照可浸泡牛蒡的分量配比。

⁘ 椿饼 [道明寺]

日本最古老的糯米果子，被称为和果子的起源。原本是用糯米制作而成，分为纯白的砂糖色和加入肉桂粉的浅茶色两种。可以有馅，也可以无馅。

材料（12个的用量）

道明寺粉……………………100g
绵白糖……………………60g
水……………………40ml
糖稀……………………10g
肉桂粉（桂皮末）……………2g
内馅……………………250g
[手蜜]
绵白糖……………………50g
水……………………50ml

成品重量

- 45g（面团25g、内馅20g）
- 内馅：粒馅

准备工序

- 粒馅12等分后制作成馅团。
- 制作手蜜。将绵白糖和水混合煮化，冷却。

制作方法

1 用水清洗道明寺粉，将水滤干。放到蒸锅中，铺上纱布，蒸20分钟左右。

2 将绵白糖、水、糖稀倒入锅中，加热后制作蜜汁。

3 用等量的水溶解肉桂粉，之后加入其中，用木刮刀搅拌混合。

4 加入蒸过的道明寺粉，吸收蜜汁。

5 烘焙纸放到蒸锅中，注入步骤4，蒸15分钟。

6 取出放到拧干的纱布上，稍微用手揉一下。

7 涂抹手蜜，同时将面馅分成小块，每块25g。注意不要弄坏豆粒。

8 压平面团后包住面馅，揉成椭圆形。

9 用椿叶夹住，完成。

制作要点

面团的正面需要保持一定的光泽度，可以将手浸湿，代替手蜜使用。

小知识

日本现存最古老的长篇小说《宇津保物语》（公元970~999年著成）和《源氏物语》（1001~1005年起笔）中的“若叶”上卷中都有椿饼出现。而《古今名物御果子图示》（1730年左右）中记载的椿饼则并非用道明寺粉所制。

⁘ 莺饼 [求肥]

如报春黄莺一样顶端稍微狭窄的外形非常富有特点，让人如沐春风的点心。据说这是丰臣秀吉在茶会上敬献的糯米果子，因此而得名“莺饼”。

材料（14 个的用量）

干磨糯米粉…………………… 50g
水……………………………… 75ml
绵白糖………………………… 65g
糖稀…………………………… 20g
内馅…………………………… 450g
青豆面（或者夜莺粉）…… 适量
抹茶粉………………………… 适量

成品重量

- 45g（面团15g、内馅30g）
- 内馅：红豆馅

准备工序

- 红豆馅14等分后制作馅团。

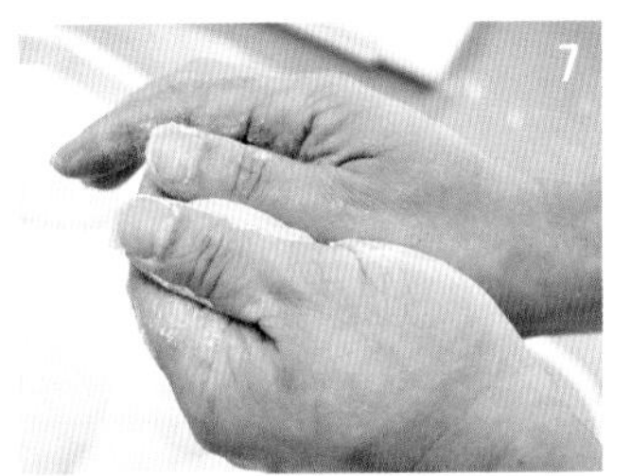

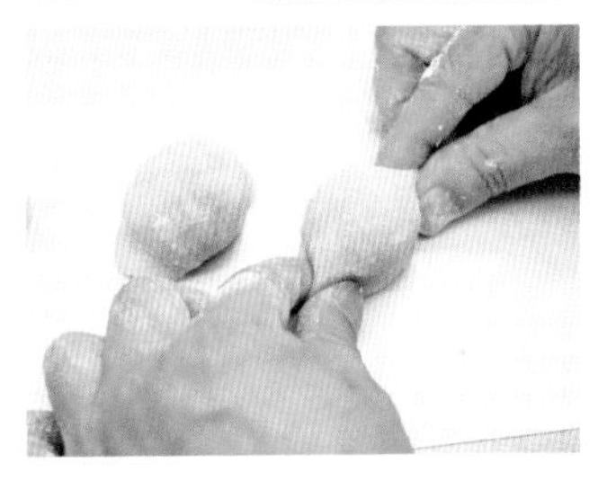

制作方法

1 干磨糯米粉倒入锅内，用水溶解。

2 面粉溶解后中火加热，然后用木刮刀搅拌。

3 糯米变黏稠后再分2~3次加入绵白糖，继续搅拌。

4 起锅前加入糖稀，继续搅拌。观察面团的软硬度，加水（分量外）搅拌。

5 在抹茶粉中加入少量的青豆面，呈茶绿色后撒到方盘上，用做手粉。

6 混合粉撒到糯米面团上，同时用手揉捏，冷却后再将其分成小块，每块15g。

7 面团揉圆压平后包住馅团，接缝处用大拇指夹住，如图所示拉伸两端，拉成莺饼的形状。

8 接缝处朝下，用滤茶网撒上青豆面。

制作要点1	搅拌糯米面团时，火候直接影响水分的蒸发变化，如果面团偏硬则需要添加水分，调整软硬度。

制作要点2	青豆粉在阳光的照射下会褪成白色，需要补充抹茶调整颜色。

关东选用水磨糯米粉，关西则用干磨糯米粉。水磨糯米粉的弹性更佳，干磨糯米粉的风味更强。

⁙吹雪馒头［薯蓣馒头］

用面团与白糖制作，经过蒸制后白糖溶解，馒头表面出现裂纹，留下糖分溶解后的模样。此模样看起来像暴风雪球。薄薄的外皮透出面馅的朦胧感是其最大的特征。

材料（18个的用量）

单晶蔗糖…………………… 60g
绵白糖……………………… 36g
浮粉（或者太白粉）……… 80g
酵母粉……………………… 0.6g
日本大和芋………………… 60g
内馅………………………… 700g

成品重量

・50g（面团13g、内馅37g）
・内馅：粒馅

准备工序

・每份粒馅分成37g后制作馅团。

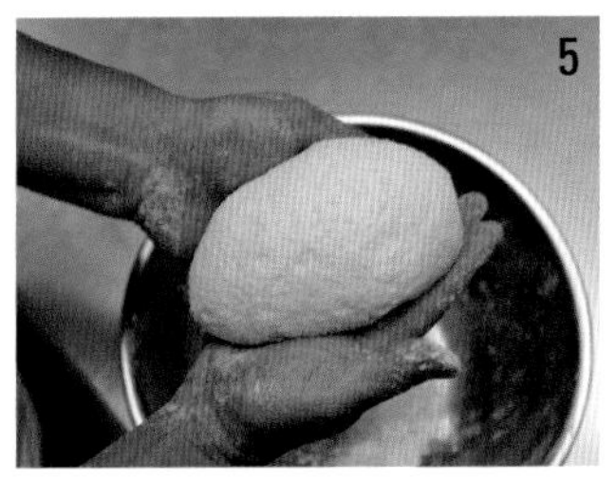

制作方法

1 白糖、绵白糖、浮粉、酵母粉放入碗内，用手揉匀。

2 大和芋去皮，用削皮器捣成碎块。

3 将捣成碎块的大和芋倒入步骤1中，用手揉捏。

4 来回揉匀，确认芋头是否带有涩味。

5 面团揉成整块后，再用浮粉或太白粉做手粉，将面团分成小块，每块13g。

6 揉圆压平，包住馅团，制作成两侧较厚的圆形。

7 放到铺好烘焙纸的蒸锅中，用喷雾剂喷洒水，锅盖铺上湿纱布，用大火蒸10分钟左右。

吹雪馒头和田舍馒头是两种不同的点心，通常大家都觉得它们是一样的。吹雪馒头就如字面所示，而田舍馒头表现的则是拂去霜雪后露出的情景。

荞麦饼［荞麦粉］

外皮酥脆、内馅劲道的糯米果子。过去荞麦并非面条，吃法类似于年糕。镰仓时代，每逢年关时博多的承平寺都会施舍荞麦给无法过年的穷人，所以这也是过年吃荞麦面的由来。

材料（20个的用量）

荞麦粉（二级粉）…………100g
干磨糯米粉…………………150g
冷水………………………280ml
内馅…………………………500g
黑芝麻………………………适量

成品重量

- 50g（面团25g、内馅25g）
- 内馅：粒馅

准备工序

粒馅20等分后制作馅团。

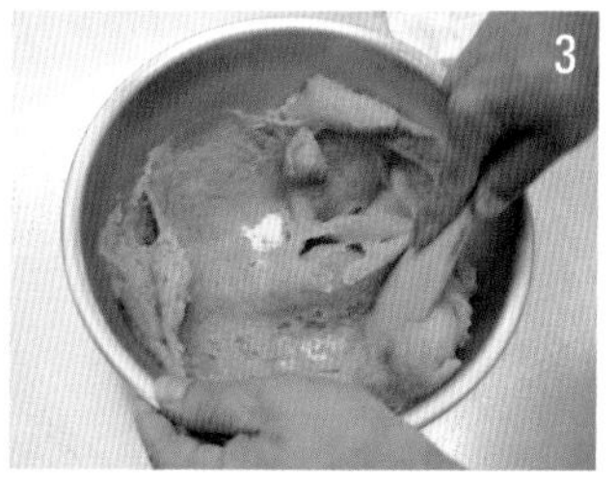

制作方法

1 将荞麦粉、糯米粉混合放到碗内，用打泡器搅拌，加入后再继续混匀。

☞ 荞麦粉自身也具有黏性。

2 耐热的器皿放到蒸锅中，铺上拧干的纱布，倒入混合物，蒸30分钟。

3 蒸好后混合物移到碗里，用木刮刀搅拌均匀。

4 再将其分成小块，每块25g，包住等量的馅团，捏成圆形。

☞ “等量”是指面团与馅团的重量相同。

5 上端放几粒黑芝麻。

6 带有黑芝麻的一面朝下，放到180~200℃的烤盘中，压按。烘烤至焦黄色。

☞ 冷却后颜色会转淡，焦黄色的点心看起来更美味。

制作要点

粉类容易结块，事先务必混合均匀。

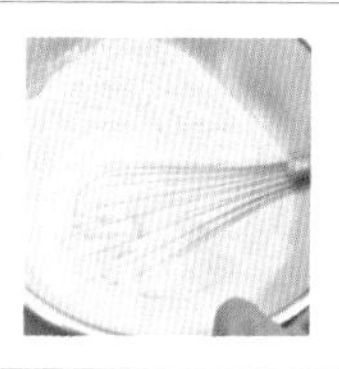

柚子馒头［馒头］

当晚秋初冬层林尽染时就是收获柚子的季节。选用白糖制作柚子表皮是关键。放到手里洋溢着柚子的清香。

材料（15 个的用量）

绵白糖	90g
蛋黄	1个
单晶蔗糖	25g
柚子酱	15g
柚子皮	少许
酵母粉	2g
低筋面粉	100g
食用色素（红色、黄色）	数滴
练切（绿色）	适量
内馅	450g

成品重量

- 45g（面团15g、内馅30g）
- 内馅：粒馅

准备工序

- 粒馅15等分后制作馅团。

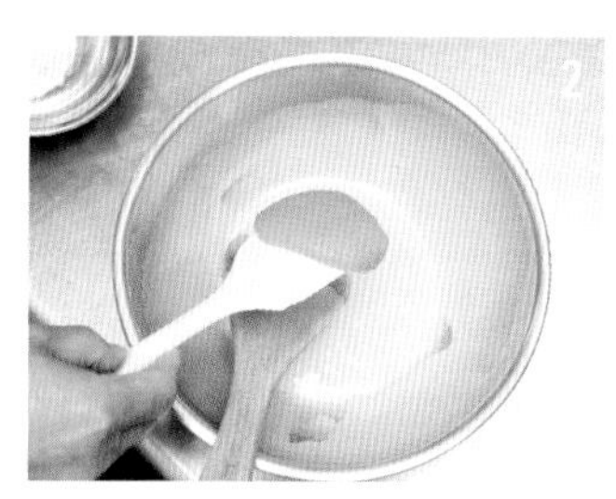

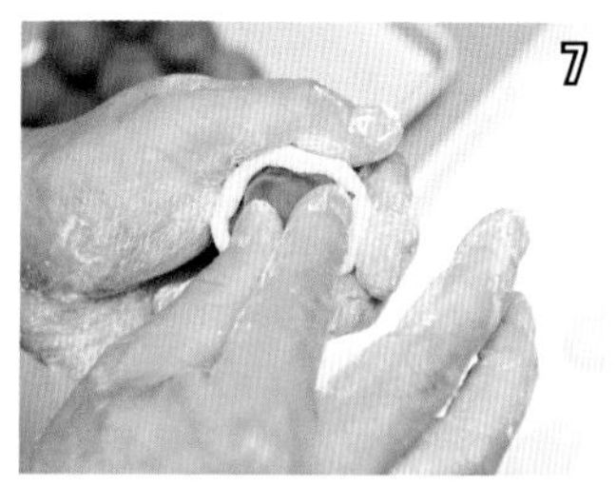

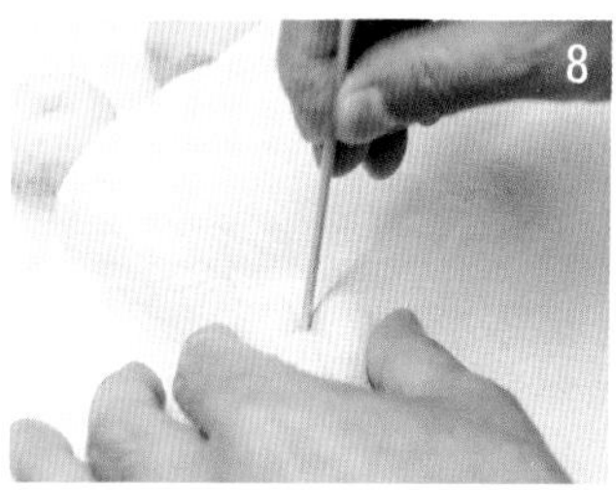

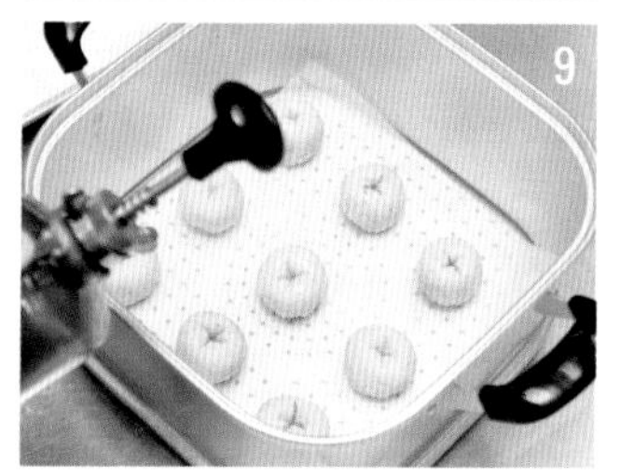

制作方法

1 将水和打散的鸡蛋加入绵白糖中，混匀。

☞ 加入鸡蛋后面团更蓬松。另外，油脂能保持面团的柔软度。

2 柚子酱与柚子皮混合。

☞ 柚子酱的味道与柚子皮的香味融合，只有柚子酱也可。

3 红色与黄色的食用色素调配出近似于柚子的颜色，颜色稍微偏深一些。

4 轻轻搅拌与单晶蔗糖混合。

☞ 蒸制时，单晶蔗糖溶解后会形成斑点状的斑纹，即柚子皮。

5 加入酵母粉、低筋面粉，混合。

6 低筋面粉用做手粉，将面团分成小块，每块15g。

7 面团揉圆后压平，包住馅团，捏成两侧较厚的圆形。

8 盖上干纱布，中央用竹签压出凹痕。

☞ 面团膨胀后便看不到凹痕，因此要用力一些。

9 放到铺有烘焙纸的蒸锅上，用喷雾剂喷水，盖上纱布，用高火加热10分钟左右。

10 蒸好后放到网格板上。中央放上绿色练切制作的圆形蒂，用竹签压紧。

☞ 刚蒸好的馒头非常烫，小心烫伤。

制作要点	可以将20%的低筋面粉换成薯蓣粉，以免面团变干。

⁘ 驯鹿 [薯蓣馒头]

薯蓣指的是山芋，山芋研泥与砂糖混合，用掺入米粉的面团包住面馅，蒸熟。形状随意，再用铁签画出可爱的表情。

材料（20 个的用量）

日本大和芋…………………… 60g
绵白糖………………………… 150g
上用粉………………………… 75g
干馅（生馅干燥后研磨成粉末）
………………………………… 10g
内馅…………………………… 600g
※薯蓣馒头的基本配比。
芋头…………………………… 1
砂糖………………………… 2~2.5
上用粉………… 上述用量的40%

成品重量

・45g（面团15g、内馅30g）
内馅……………………… 红豆馅

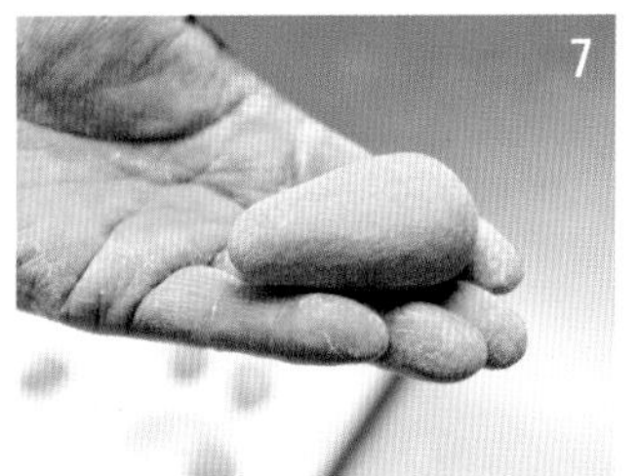

制作方法

1 芋头去皮后清洗干净。用黄铜刀可以撕下薄薄的外皮。

2 用细密的擦丝器将芋头擦成碎屑，注意不要破坏芋头的黏性。

3 芋头碎屑放到碗内或研钵中，用擀面棒搅拌，然后分3~4次加砂糖，再慢慢混匀。

☞ 搅拌时充分与空气接触，面团才会蓬松柔软。

4 将上用粉和干馅混合后倒入其他碗中。

5 再加入步骤3，用手折叠揉捏面团，同时慢慢混入周围的混合粉。

☞ 混合粉类揉捏，同时挤出芋头内的空气。

6 以15g为标准，将面团分成小块，包住面馅。

7 按照图示方法，将面团揉成尾部稍大一些的圆柱形。

8 放到铺有烘焙纸的蒸锅中，喷上水，再用中火蒸10分钟左右。

☞ 喷洒醋水或蛋清与水打泡的液体能提高膨胀率，达到120%。同时防止表皮开裂。

9 蒸好后将红色的练切揉圆，放到驯鹿的鼻子处，再用灼热的铁签烫烤出犄角。

制作要点	操作时需要确认芋头的黏性。黏性太大容易裂开，如果芋头的黏性较弱，可以将上用粉换成上新粉（按照10%~20%的比例）。

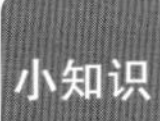

· 一般来说，芋头黏性的强弱顺序为普通芋头→佃芋→伊势芋→大和芋。

· 芋头与砂糖混合后揉捏的方法称为“关西式”；砂糖与面粉混合的同时加入芋头碎屑，然后再揉捏混合的方法称“关东式”。

银杉［金团］

用松散的“金团”表现出圣诞的主体——银杉。内馅基底为纵长形，松散的面馅看起来像针叶，葱葱郁郁。

材料（约12个用量）

寒天粉…………………………3g
水…………………………120ml
精制白砂糖…………………50g
白色豆沙馅…………………350g
糖稀…………………………25g
食用色素（黄色、蓝色）
……………………………各适量
练切馅………………………适量
内馅…………………………145g

成品重量

・42g
黄绿金团馅…………………30g
内馅（粒馅）………………12g

准备工序

制作纵长形的馅团。

制作方法

1 寒天粉和水加入锅中，用小火加热。
2 沸腾后加入精制白砂糖。
3 白色豆沙馅分成小块，加入其中，用木刮刀搅拌。
4 搅拌成黏稠状，分成两份，用黄绿色的食用色素着色，再添加糖稀。
5 注入模具中，冷固。
6 冷固后切成合适的大小，用金团筛筛滤成松散状。
7 馅团周围用筷子添加绿色的碎屑，堆积出杉树的形状。
8 按个人喜好将练切染成不同的颜色，揉成小球后放到杉树上做装饰。

常备和果子

❖ 栗馒头 [小麦粉]

馒头的表面涂上蛋黄液，再经过烘焙，表现出栗子的颜色和光泽。以前只是仿照栗子的外形制作，如今则是将一颗完成的栗子切碎后用做内馅。椭圆形和圆厚形的栗馒头居多。

材料（约20个的用量）

［面团］

低筋面粉……150g

绵白糖……80g

蛋液……70g

蜂蜜……10g

小苏打……1g

酵母粉……2g

内馅……300g

栗子（甘露煮）……20个

蛋黄……适量

甜料酒……少许

成品重量

- 45g（面团15g、内馅使用1颗栗子30g）
- 内馅：白色豆沙馅

准备工序

- 用白色豆沙馅包住栗子，制作20g馅团。

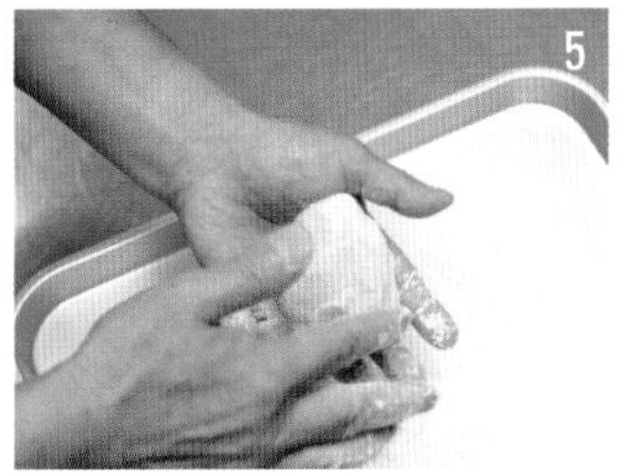

制作方法

1 鸡蛋打匀，加入砂糖，用木刮刀充分搅拌均匀。

2 再加入蜂蜜继续混合。用手指蘸取查看砂糖粒是否溶化，若还没溶化，可放到50℃的热水中隔水烫化。

3 用等量的水（分量外）将小苏打和酵母粉溶解，再加入步骤2中，搅拌混合至冷却。

4 添加低筋面粉，如切分面团一样，用木刮刀将其混匀。

☞减少搅拌的次数。如搅拌次数过多，容易激发面团活性，产生黏液。

5 低筋面粉涂到手上，将面团分成小块，每块15g，包住馅团。

6 捏成圆而厚的栗子形，再放到铺有烘焙纸的铁板上，间隔一定距离放好。

7 用毛刷拂去多余的面粉，喷水。

8 蛋黄研泥，加入少量的甜料酒，待步骤7的表面晾干后，再用毛刷涂一层蛋黄混合液。

9 放到180℃的烤箱中烤15分钟左右。

制作要点1

步骤4的面团若能放置一晚上醒面，烘焙后的肌理会更细致。此方法称为“隔夜热水揉捏法”。即便仅有1小时也可以。

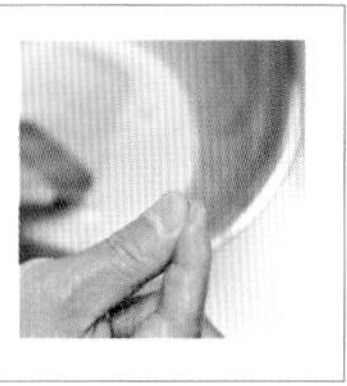

制作要点2

烤好后，可以用厨房纸摩擦涂有蛋黄液的部分，让栗馒头更富有光泽，看起来更美味。

⁘ 月饼［小麦粉］

来自中国，看起来像月亮一般的烧果子。内馅的种类和大小存在非常大的地域差异性，不过日本的月饼通常都选用核桃和松子做内馅，与北京的月饼口味相似。所含水分较少，因而可长时间保存。

材料（38 个的用量）

［面团］

鸡蛋……………………1个（65g）
绵白糖……………………………110g
加糖炼乳…………………………25g
白色豆沙馅………………………15g
无盐黄油…………………………45g
小苏打………………………………1g
低筋面粉…………………………200g

［内馅］

白色豆沙馅……………………500g
红豆馅…………………………350g
冷水……………………………150ml
日本核桃…………………………60g
白芝麻……………………………40g
干杏仁……………………………75g
松子………………………………35g
色拉油……………………………35g

成品重量

- 40g（面团12g、内馅28g）

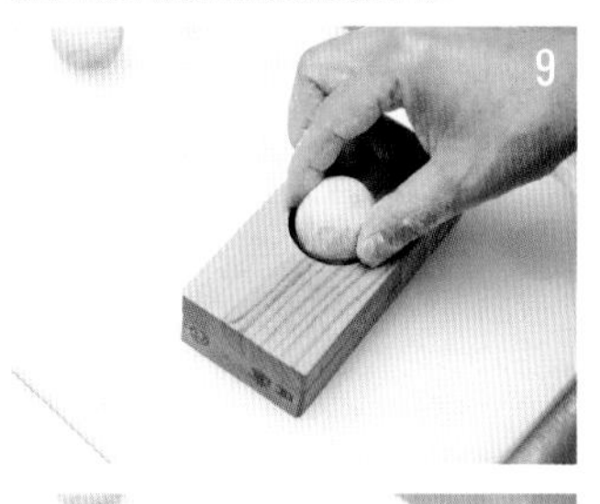

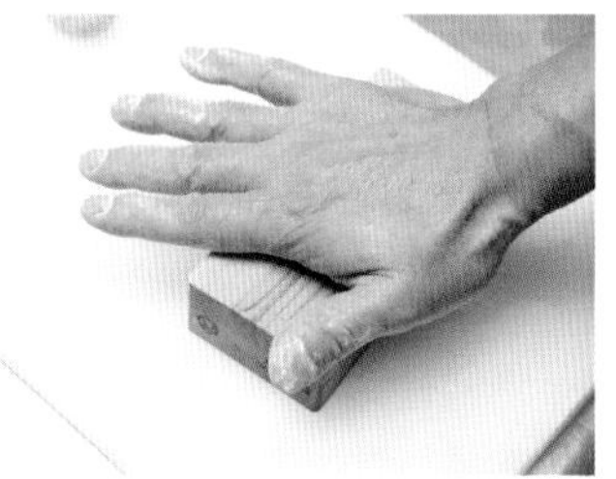

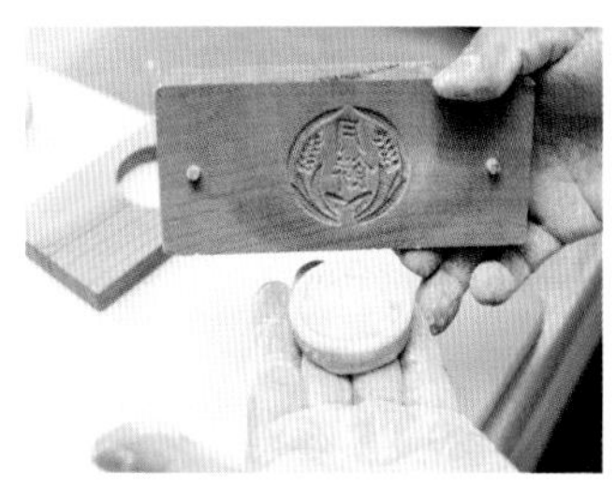

制作方法

［内馅］

1　将白色豆沙馅、红豆馅、冷水倒入锅中，开火加热。用木刮刀搅拌，软硬程度与豆沙馅相同。

2　用平底锅或普通锅翻炒日本核桃、白芝麻、松子，切碎后加入步骤1中。

3　将干杏仁切碎，混合。

4　锅中倒入色拉油，充分加热后加入步骤3中，搅拌均匀。然后分成小份，每份28g。

［面团、完成］

5　鸡蛋打匀，加入绵白糖、加糖炼乳、白色豆沙馅、无盐黄油，用木刮刀搅拌均匀。

6　隔水溶化砂糖和黄油，加入小苏打，混匀。

7　冷却后再加入低筋面粉，用木刮刀迅速搅拌。

8　双手涂抹低筋面粉（分量外），包住馅团，揉成圆形。

9　专用的木质模具上涂抹底粉（低筋面粉），用力在手掌中压出印记。

10　铁板上铺一层烘焙纸，将步骤5排列，拂去多余的面粉，喷水。

11　蛋黄打匀，用小毛笔涂到月饼表面。

☞ 用小毛笔涂抹，让图案更清晰漂亮。

12　放到180℃的烤箱中烘烤。

制作要点

可以使用少许膨胀剂，让木质模具的造型更清晰。

小知识

中国古代时，月饼是中秋节的供奉之物，而如今则是馈赠亲友的良品。

桃山［白色豆沙馅］

白色的豆沙馅中加入蛋黄、糖稀、味甚粉后精心烘烤，口感细腻的烧果子。丰成秀吉的伏见桃山城所在的伏见在江户时代称为“桃山”，据说此点心来源于此地名，但具体的由来无固定之说。

材料（约18个的用量）

［黄味炙烤馅］（适量）

白色豆沙馅……………………600g

蛋黄……………………………2个

糖稀……………………………20g

［桃山面团］

黄味炙烤馅……………………450g

蛋黄……………………………1个

味甚粉…………………………10g

甜料酒…………………………少量

内馅……………………………300g

成品重量（根据木质模具的大小决定）

- 45g（面团30g、内馅15g）
- 内馅：红豆

准备工序

- 红豆18等分后制作馅团。

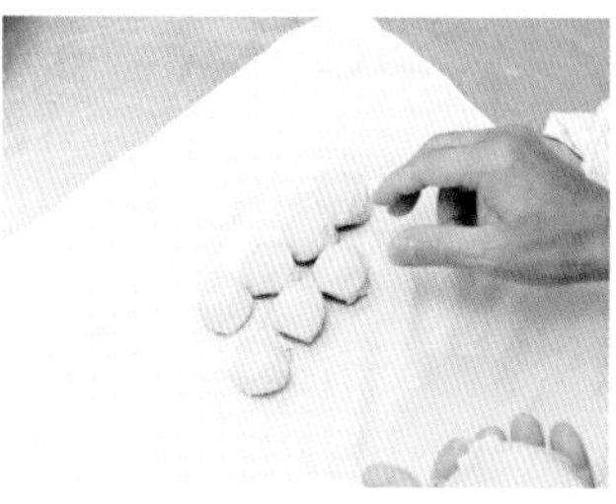

制作方法

1 白色豆沙馅、蛋黄、糖稀加入锅中，用木刮刀搅拌混合，开火搅拌制作黄味炙烤馅。接着加水（分量外）调整软硬度，然后放到冰箱中冷藏。

☞ 黄味馅需要充分的加热搅拌，否则会留有鸡蛋的腥味。

2 黄味炙烤馅冷却后放入碗内，加入蛋黄，混匀。

3 慢慢加入味甚粉，搅拌均匀后用保鲜膜包好，放置1小时以上。

☞ 若味甚粉较多或揉捏时间过长，烘烤时不易透心，且入口难化，影响味道。

4 加入甜料酒调整软硬度。

☞ 还能起到除去鸡蛋腥味的作用。也可以用其他酒代替。

5 铺上湿毛巾，用手稍微捏一下，分成小块，每块30g，包住馅团。

6 面团放到桃山的木质模具上，用手掌压平敲打，再放到铺好烘焙纸的铁板上。

7 轻轻地喷上水，在220℃的烤箱中烘烤。

☞ 烤箱温度过高会导致不透心且外表开裂。

8 烤好后马上用毛刷涂抹甜料酒或白兰地。

制作要点

涂上甜料酒或白兰地可以增添香气和回味。其他的利口酒也能起到相同的作用。

⁘圆松饼［小麦粉］

葡萄牙语中Bolo的意思是“曲奇”，与蜂蜜蛋糕一样，都是东南亚的点心之一。松脆香甜，入口即化的口感非常独特，16世纪时由葡萄牙传到日本。尤其是圆松饼，已然成为九州的特产。

材料（适量）

［芝麻味］

鸡蛋…………………………1个

绵白糖………………………120g

小苏打………………………3g

白芝麻………………………50g

芝麻糊………………………10g

低筋面粉……………………200g

［味噌味］

鸡蛋…………………………1个

绵白糖………………………150g

白味噌………………………15g

酵母粉………………………5g

低筋面粉……………………250g

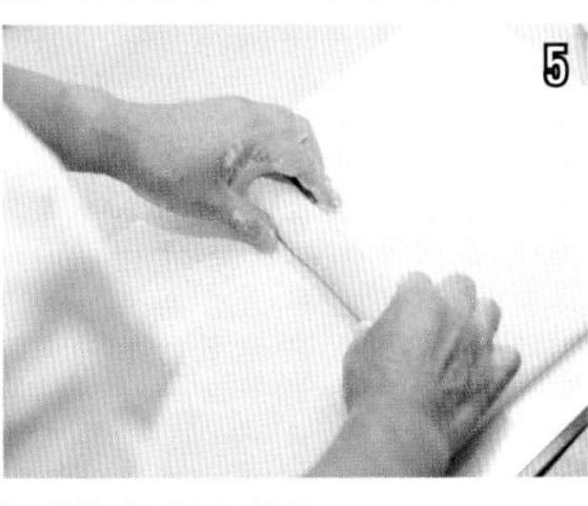

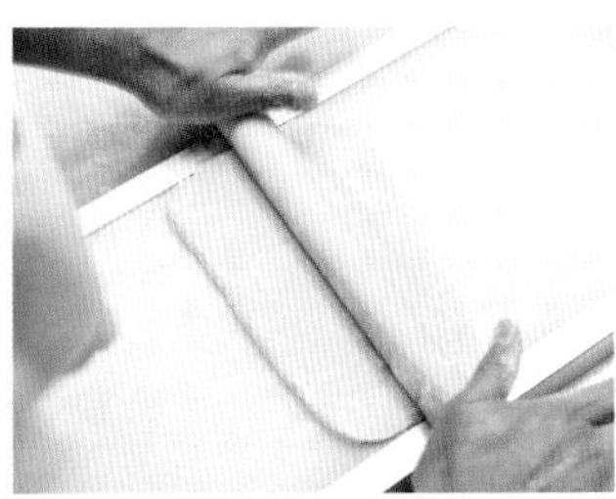

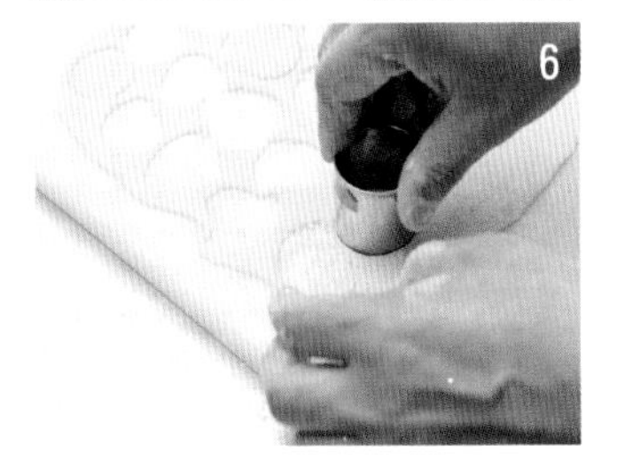

制作方法

1. 鸡蛋打入碗内，用筷子打匀，加入绵白糖后用木刮刀搅拌。
2. 用等量的水溶解小苏打（或酵母粉），再加入其中。
3. 再加入白芝麻、芝麻糊，继续混匀。（味噌味的圆松饼则是加入白味噌）
4. 加入低筋面粉，迅速搅拌成黏糊状。敷上保鲜膜，放到冰箱中冷藏1小时，减缓面团的发酵速度。也可以放置一整晚。
5. 双手抹上高筋面粉（分量外），将面团揉成棒状，然后用擀面杖擀成3mm厚的面饼。

   ☞ 由正中向外侧、由正中向内侧擀面，注意两侧的平衡。放到面板上时左右两侧的面饼厚度需要保持一致。

6. 用圆形模具压按成小块，放到铺好烘焙纸的铁板上。按个人喜好涂上蛋黄液，再放到180℃的烤箱中烤10分钟。

制作要点	面团放到冰箱里，减缓发酵速度，更易于操作。

栗大福［求肥］

用白色的糯米面团包住馅团，看起来像鹌鹑的肚子，古时也称为鹑烧。现在的大福相比以前的更大一些，所以也称腹太饼。不过据说江户时代曾以大福饼一名流传坊间。

材料（15个的用量）

干磨糯米粉……………………100g
水……………………………100g
绵白糖………………………80g
糖稀…………………………20g
栗子（甘露煮）………………150g
调整用水………………20~30ml
食盐…………………………15g
内馅…………………………400g

成品重量

- 50g（面团25g、内馅25g）
- 内馅：粒馅

准备工序

- 粒馅15等分后制作馅团。
- 栗子蒸熟后切好。

制作方法

1 糯米粉倒入锅内，用水溶解。

2 溶解后开火加热，用木刮刀搅拌。

3 糯米粉呈糊状后，再分2~3次加入，继续搅拌。

4 起锅前加入糖稀，混匀。观察软硬度，加水（分量外）后继续搅拌。

5 放入切好的栗子，用木刮刀搅拌时注意不要弄碎栗子。

6 双手抹上太白粉（分量外），揉捏面团。

7 将面团分成小块，每块25g。

8 糯米面团揉圆压平，包住馅团，再捏成圆形。

9 用毛刷拂去太白粉。

※ 糯米面团的详细制作方法请参照莺饼（P106）。

制作要点

馒头与糯米饼的包法不同。糯米饼只是根据糕团的形状修整捏拢，无须拉扯面团，开口处也不需要捏合。

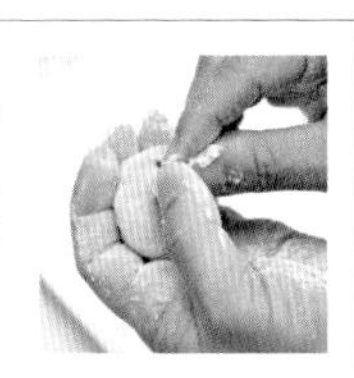

味噌馒头［馒头］

面团中加入味噌，面馅的香甜与味噌的相互映衬是其特点。先蒸后烤，香味扑面而来。酱油的妙用是制作上的关键，让馒头回味无穷。

材料（20个的用量）

绵白糖	120g
白味噌	40g
蛋黄	1个
水	15g
酱油	7g
小苏打	2.5g
低筋面粉	130g
内馅	600g

成品重量

- 45g（面团15g、内馅30g）
- 内馅：红豆馅

准备工序

红豆馅20等分后制作馅团。

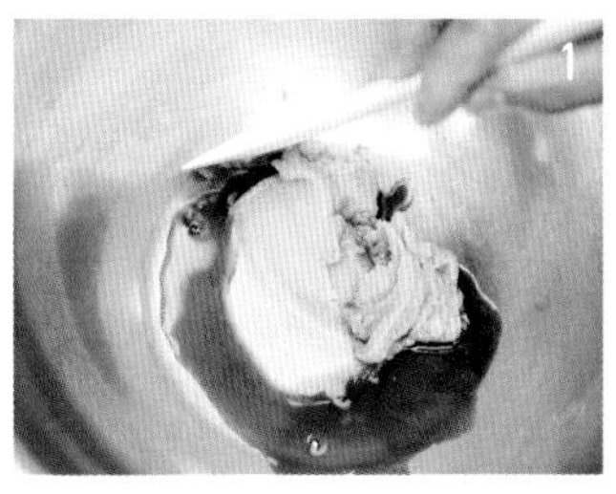

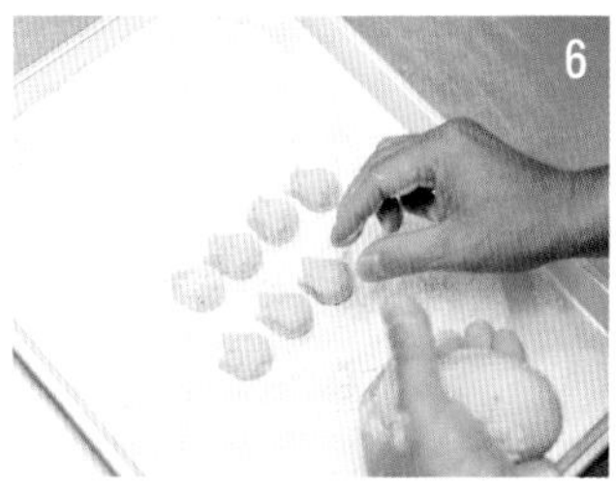

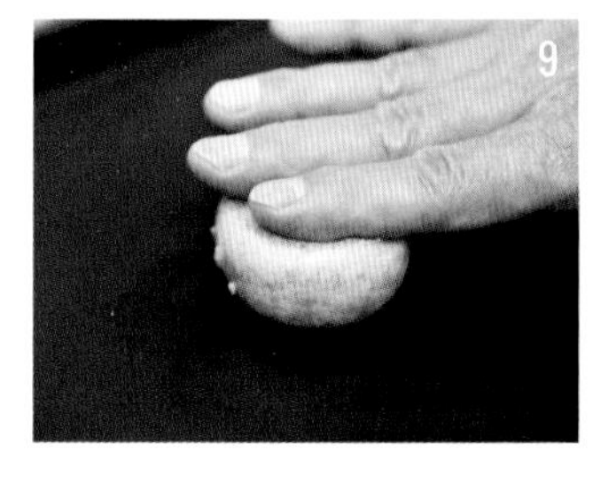

制作方法

1 白味噌倒入碗中，与酱油混合。

☞ 酱油起调味作用。

2 慢慢加入砂糖，搅拌均匀。

☞ 味噌容易凝固（结块），因此要搅拌均匀。

3 加入鸡蛋混合。用等量的水溶解小苏打后再加入其中。

4 添加低筋面粉，如切分面团一样，用橡皮刮刀混匀。

5 放到撒有底粉的烤盘上，双手抹上低筋面粉，揉捏面团。

6 再将面团分成小块，每块15g。

7 面团揉圆拉伸，包住馅团，揉成圆而厚的形状。

8 放到铺好烘焙纸的蒸锅里，盖上锅盖，中火加热8~10分钟。

9 蒸好后，在中央撒上炒过的白芝麻，带有芝麻的一面朝下，放到280℃的烤盘中，用板子轻轻压按即可。

⁙ 铜锣烧 ［小麦粉］

关于名字的由来有两种说法，一种是其外形类似于打击乐器铜锣，另一种是其制作过程中采用了铜锣烘烤面团。据说原本红豆馅是露在外面的，经过上野的和果子店“小兔”改良后，才形成了现在这种外形。

材料（10 个的用量）

［面团］

低筋面粉……………………150g

绵白糖……………………130g

蜂蜜……………………20g

鸡蛋……………………140g

甜料酒……………………8g

调整用水……………………50~75g

小苏打……………………3g

内馅……………………300g

成品重量

・60g［面团30g（直径8cm）、内馅30g］

・内馅：粒馅

制作方法

1 鸡蛋打入碗内，用打泡器搅拌均匀。

2 加入绵白糖，继续打泡至完全溶解。

3 溶解后加入蜂蜜、甜料酒，再加入用等量水溶解好的小苏打，混合。

☞ 均是为了烘烤后能呈现出更漂亮的色泽。

4 加入所有的小麦粉，搅拌至小麦粉完全溶解到蛋液中。

☞ 打泡器由中心向外侧慢慢搅拌，避免面粉四处飞溅。

5 混合物放置30分钟。

6 如果烘烤前面团较硬，可以加水（分量外）调整面团的软硬度。将面团挑起后能像线一样顺滑且不掉块为宜。

7 取2勺面团，放到200℃的烤盘中，摊开成直径8cm的圆形。

8 当表面出现细密的小孔后翻面，反面也稍微烘烤一下。然后将两块合拢放到网格板上。

9 稍微冷却后夹入适量的红豆馅，完成。

制作要点

反面烘烤的时间不宜过长，注意色泽保持一致。

艳袱纱［小麦粉］

清爽的嫩绿色和表面的凹凸感组合成风味独特的烧果子。利用烘烤面团时形成的气泡，配料与铜锣烧相同，但采用不同的揉面法，突出面粉的黏性，口感更加绵密。

材料（15个的用量）

低筋面粉……………………135g
水……………………………120ml
绵白糖………………………100g
鸡蛋…………………………100g
小苏打………………………3g
酵母粉………………………2g
食用色素（蓝色）…………少量
内馅…………………………300g

成品重量

- 50g（面团30g、内馅20g）
- 内馅：粒馅

准备工序

- 粒馅15等分后制作馅团。

制作方法

1 低筋面粉倒入碗中，加入2/3（80ml）的水，用打泡器在中心搅拌。

☞ 刚开始面团的黏性不够，容易断裂。可继续搅拌至充分混合均匀。

2 绵白糖分3~4次添加，再搅拌混合。

3 鸡蛋打匀后慢慢加入步骤2的混合物中。

4 用等量的水溶解小苏打，再加入酵母粉，混合。

5 加入食用色素后将面团搁置30分钟。

☞ 面团呈黄色，混入蓝色的食用色素后会变成绿色。

6 用剩余的水（30ml）调整软硬度，放到160℃的烤盘中，摊成直径10cm的薄圆形。

7 如果表面出现大量的细孔，可以用厨房纸拂去面团的黏液。

8 翻面，稍微烘烤，在变色之前就迅速放到网格板上。

9 暂时摆放一段时间，烘烤出焦黄色的一面用做内面，包好粒馅。

10 揉成圆而厚的形状，接缝处置于反面。

和果子的用语与技法

一般和面时要先将鸡蛋打匀，加入砂糖，最后才加入面粉。但如果先将水与面粉混合揉捏，更能充分释放出面粉的黏性，形成独特的表皮。此方法称为“逆揉法”。

石衣［干果子类］

糖衣包裹下朦朦胧胧地透出馅团，若即若离的半生果子。面馅中加入糖稀，搅拌揉成丸子形，凝固后再浇上糖蜜。馅团的形状和糖衣的炮制方法都彰显出上等和果子的精致感和杂粮点心的朴素感。

材料

寒天粉…………………………3g
红豆馅……………………1000g
单晶蔗糖……………………200g
糖稀…………………………150g
水……………………………400g
［糖衣］
砂糖…………………………500g
水……………………………230g

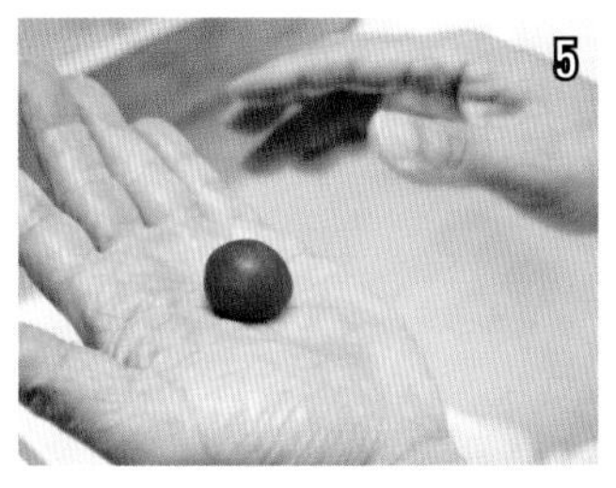

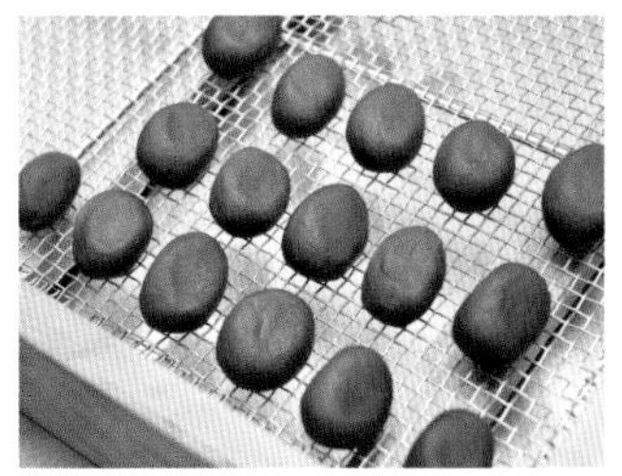

制作方法

1 寒天粉和水倒入锅内，开火加热。

2 沸腾后在加入单晶蔗糖，溶解后放入面馅。

☞ 注意保持锅具的四周干净。

3 起锅前加入糖稀，混匀。

4 分成小块放到干纱布或塑料膜上，再揉成一整块。

5 分成小块，每块8g，揉成圆形。稍微压扁一点，与小石头相似，涂上色拉油（分量外），放到网格板上。

☞ 面馅趁热在40℃时成形为宜，中心相对密实。冷却后再制作成形的话容易掺入空气，导致中心部分糖化。但是，需要进行精细雕琢时，必须在糕团完全冷却后才能操作。

☞ 糖化：指之前溶化的砂糖再度结晶。一般也称为“重结晶”。

糖衣的制作方法

6 砂糖和水倒入锅内，开火加热至112℃煮化。再将锅浸泡到水中，温度降至45~50℃后用擀面杖搅拌，制作纯白色的结晶。

7 调整糖衣的软硬度、浓度、温度（40~42℃）。

8 用木刮刀取馅团，浇上糖衣，再放到烘焙纸上，凝固。

制作要点

糖衣开始凝结时可以加入少量的水调节，轻轻搅拌，再隔水加热溶解结晶部分。整个过程都需要缓慢柔和地进行。通常要保持同样的温度和浓度。但如果糖衣太稀就不容易挂到面团表面。如果温度太高（约50℃以上）就会出现白色斑点，需要注意。

❊ 豆面州浜［干果子类］

起初是模仿寓意沙洲（海滨沙滩的繁杂），而后出现蚕豆和蕨菜等与沙洲毫无关联的多种形状，但都称为州浜。

材料

青豆面…………………… 100g
绵白糖…………………… 125g
蜜汁
- 求肥 ………………… 60g
- 糖稀 ………………… 65g
- 水 …………………… 适量

精制白砂糖……………… 适量

成品重量

・8~10g

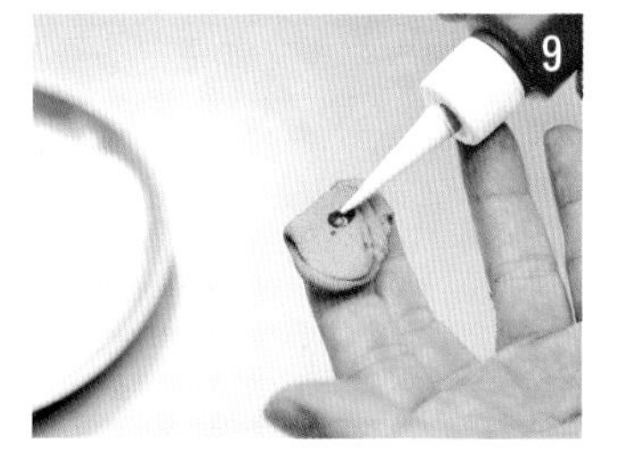

制作方法

1 青豆面与绵白糖放入碗内，混合。

☞ 用绵白糖制作有一定的粗糙感。若选用糖粉则太过于细腻，容易变硬。

2 将求肥、糖稀和水慢慢加入单柄锅中，按照图示方法搅拌成可流动的糊状。

3 再将步骤2加入步骤1中，调整软硬度。同时将求肥由外向内折叠式地用力揉压。

☞ 糯米粉中混入豆面，需要一定的粗糙度才能成形。

4 保持整体形状，揉至软硬度适中后再分开制作各种造型。

5 按个人喜好撒上砂糖，放到纸上，自然风干。

造型种类

［毛豆］

6 细长又纤薄的面皮中放上3颗圆形小面团。

7 对折后，用手指捏成毛豆的形状。

［蚕豆］

8 椭圆形的面团中央用大拇指稍稍压出凹痕。

9 加入食用色素（红色），制作茶色的面团。

10 在步骤8的面团上粘贴少许茶色面团，用刮刀刻出细纹。再用手指捏成蚕豆的形状。

据说沙洲的纹路看起来像长寿神仙居住的蓬莱山，因此也有祝福之意。

⁘ 红豆松风［小麦粉］

“松风”是不含鸡蛋和油脂的日式蛋糕，利用小麦粉的黏性制作而成。据说原本是用做军粮。蒸好后与羊羹堆叠冷却，非常有饱腹感。

材料（13.5cm × 15cm 的模具）

［松风面团（13.5cm × 15cm的模具）］

绵白糖…………………… 70g
鸡蛋…………………… 20g
甜料酒…………………… 3g
酱油…………………… 8g
白芝麻…………………… 8g
小苏打…………………… 1g
水…………………… 30ml
低筋面粉…………………… 47g

［羊羹（13.5cm × 15cm的模具）］

寒天粉…………………… 3g
水…………………… 130g
精制白砂糖…………………… 90g
红豆馅…………………… 300g
大纳言小红豆…………………… 150g

制作方法

1 绵白糖和打好的鸡蛋倒入碗中，用打泡器混匀。

2 依次加入甜料酒、酱油、炒过的白芝麻、用配量的水溶解好的小苏打，混合。

3 再添加低筋面粉，迅速搅拌。

4 混合液注入模具中，再放到蒸锅内蒸25分钟。

5 制作羊羹。寒天粉、水倒入小锅中，开火加热。用木刮刀搅拌溶解，避免焦糊。

6 加入精制白砂糖，煮化。沸腾后再加入红豆馅碎块，用橡胶刮刀搅拌溶解。

7 再次沸腾后加入糖稀和大纳言小红豆，关火后冷却。

8 散热倒入步骤4的上方，冷却凝固。

制作要点

尽可能地迅速搅拌，避免小麦粉的黏性越来越大，保证口感。

小知识

关于“松风”的起源各地都有自己的版本，五花八门。也有说法是将小麦粉、砂糖、麦芽糖、白味噌混合放置一晚后自然发酵而成的糕团即是“松风”。

❋ 葛粉汤［葛粉］

用葛粉制作而成的饮品，有预防发烧、感冒的作用。冲入热水混合后就可以制作成葛粉茶，非常方便。再加上些姜末味道会更好哦。

材料（约10袋的用量）

葛粉…………………………30g
水……………………………40g
绵白糖………………………500g
太白粉………………………120g
抹茶粉…………………………3g
紫苏粉………………………10g

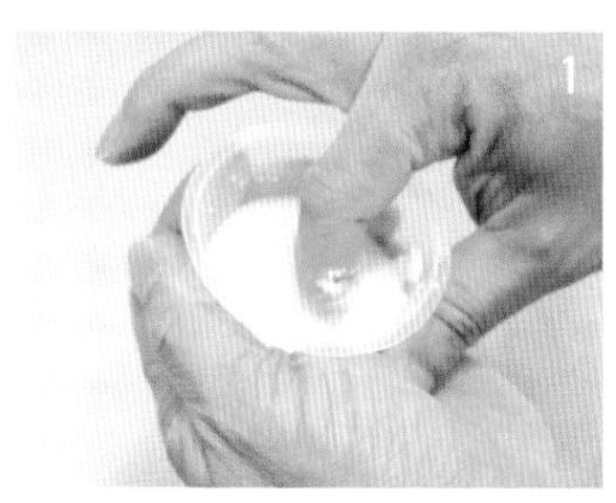

制作方法

1 用水溶解葛粉。

2 绵白糖倒入碗中，再加入用水溶解的葛粉，析水。

☞ 水溶葛粉过量会导致固体变硬。如果绵白糖已有水分析出迹象，则无需加入所有葛粉。

3 加入太白粉，混匀。用手捏紧能成形即可。

☞ 太稀容易结成圆球状。

4 加入红紫苏。

5 分装，每袋50g。

6 倒入容器中，冲入150ml左右的热水，用勺搅拌即可。

制作要点

使绵白糖中所含的少量水分析出的方法称为“析水”。

图书在版编目（CIP）数据

最详尽的日式点心教科书 /（日）梶山浩司著；何凝一译. -- 北京：煤炭工业出版社，2016（2021.9重印）
ISBN 978-7-5020-5296-6

Ⅰ.①最… Ⅱ.①梶… ②何… Ⅲ.①糕点—制作 Ⅳ.①TS213.2

中国版本图书馆CIP数据核字(2016)第132358号

最详尽的日式点心教科书

作　　者　（日）梶山浩司　　**译　　者**　何凝一
策划制作　北京书锦缘咨询有限公司
总 策 划　陈　庆　　**策　　划**　李　伟
责任编辑　马明仁　　**特约编辑**　郭浩亮
设计制作　柯秀翠

出版发行　煤炭工业出版社（北京市朝阳区芍药居35号　100029）
电　　话　010-84657898（总编室）
010-64018321（发行部）　010-84657880（读者服务部）
电子信箱　cciph612@126.com
网　　址　www.cciph.com.cn
印　　刷　三河市祥达印刷包装有限公司
经　　销　全国新华书店

开　　本　787mm × 1092mm 1/16　　**印张**　9　　**字数**　91千字
版　　次　2016年9月第1版　　2021年9月第7次印刷
社内编号　8153　　**定价**　46.00元

牵牛花

红叶

栗子

山茶花

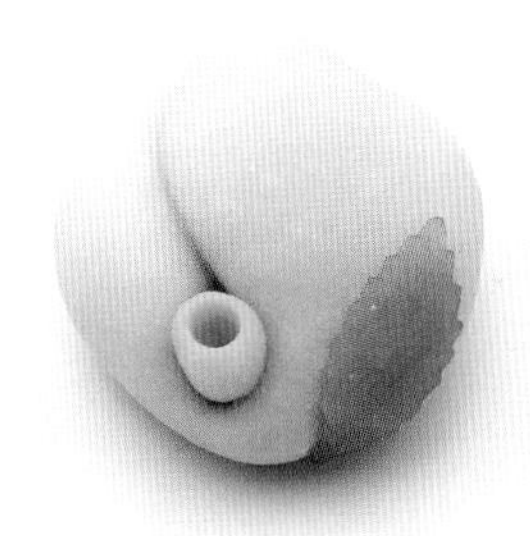

万两

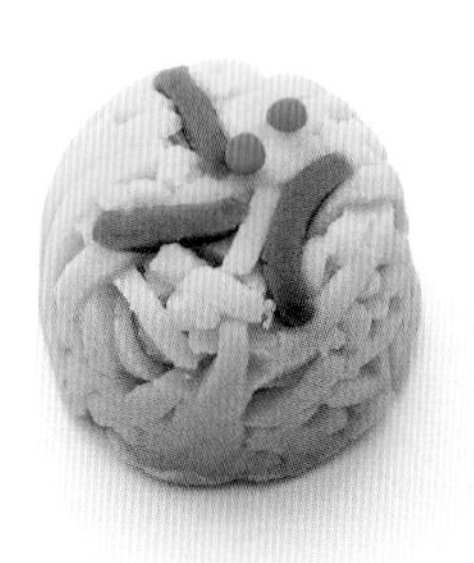

紫藤花

调布

樱饼